北京市教育委员会科学研究计划项目资助（SZ20211009003）

U0680557

作家具保护可持续发展研究

王湘　原林　著

中国建筑工业出版社

图书在版编目（CIP）数据

京作家具保护与可持续发展研究 / 王湘，原林著.
北京：中国建筑工业出版社，2024.12. —— ISBN 978-7-
112-30693-0

Ⅰ. TS664.105

中国国家版本馆 CIP 数据核字第 2025SM5442 号

责任编辑：何　楠
责任校对：芦欣甜

京作家具保护与可持续发展研究
王湘　原林　著

*

中国建筑工业出版社出版、发行（北京海淀三里河路9号）

各地新华书店、建筑书店经销

北京锋尚制版有限公司制版

建工社（河北）印刷有限公司印刷

*

开本：880 毫米×1230 毫米　1/32　印张：5⅞　插页：1　字数：161 千字
2025 年 6 月第一版　　2025 年 6 月第一次印刷
定价：**38.00** 元
ISBN 978-7-112-30693-0
（44446）

前言

京作家具集精美装饰、珍贵用材、精妙结构、庄重造型、精湛技艺为一体，具有极高的艺术价值和学术价值，也是中国传统家具的代表，已被列入北京市非物质文化遗产和国家级非物质文化遗产。

党的二十大提出尊重自然、顺应自然、保护自然，站在人与自然和谐共生的高度谋划发展，协同推进降碳、减污、扩绿、增长，推进生态优先、节约集约、绿色低碳发展。京作家具经过静态传承、活态传承，目前已进入到可持续发展保护阶段。中国传统的可持续发展思想源远流长，强调尊重自然、顺应自然规律，与自然和谐共处。可持续设计理念下，利用数字文化遗产结合大数据、5G 网络环境，应用人工智能进行遗产的智能保护、文化遗产的精准记录以及展示传播已成为趋势。

借用现代科技，京作家具保护一方面利用计算机技术优化设备，来节省物力资源和人力成本，提高生产效率；另一方面依托互联网渠道，借助互联网媒体，通过新的媒体形式进行宣传。

微信小程序、手机应用程序等新的媒体形式创建新的创作和传播模式，便于自媒体创作相关主题短视频。

手机的便携性为大众在线上观看、体验和交互，提供了绝佳平台，为非物质文化遗产相关宣传和数字化保护起到了推动作用。

数字展厅也是非物质文化遗产保护和可持续发展的模式。数字化展厅不仅局限于单一的平面展示，它可以利用数字技术和光影效果相互配合，达到丰富的展示效果，增加艺术性、互动性和生动性；利用数字技术将文化传播融入体验中心，通过娱乐的方式使非物质文化遗产深入人心。

本研究由北京市教育委员会科学研究计划（SZ202110009003）项目资助。在研究过程中也培养了多名研究生，不仅引导学生学习传统家具文化、传统技艺、艺术形式，更重要的是将我们的传统文化深深根植于青年学子的心中，让传统文化与艺术精华在年轻人中传播开来。

本书的撰写还存在很多不足，希望通过不懈的努力使京作家具保护和可持续发展的研究体系不断完整和深入，也希望得到学者及相关专家的指正。

目录

第4章　京作家具数字化展厅设计

第5章　京作家具小程序设计

第6章　高校与非遗传承

第 1 章

可持续发展思想

自 20 世纪以来人类社会与自然不平衡发展引起了诸多问题，这些问题受到社会各界的关注。为恢复生态环境，世界环境与发展委员会提出了用可持续发展思想来指导人类活动。

20 世纪 50 年代环境污染事件开始不断地发生，如 1952 年英国发生了人尽皆知的烟雾事件，1953 年日本发生重金属污染事件等。这些事件引起了美国作家蕾切尔·卡森的关注，并在《寂静的春天》[1] 中讲述了农药和肥料对人类和自然的影响，呼吁人类改变当前发展道路。同时期，美国设计师维克多·帕帕奈克注意到市场上 80% 的商品因设计成为一次性物品，浪费了社会资源。他认为环境和资源问题有一部分是设计师的责任，倡议设计师在设计之初就应该考虑地球有限的资源和产品使用的社会价值。1972 年，关注未来学的国际民间学术团体罗马俱乐部提到人们应该密切关注人口、资源利用和环境污染的问题。同年，在联合国人类环境会议上首次讨论了人类社会发展与环境污染的关系，发表《人类环境宣言》。这段时间各种绿色运动和民间组织应运而生，人们从关注自身转为开始关注环境以及资源的问题。

20 世纪 80 年代出现了拉丁美洲债务危机、黑色星期一等一系列经济危机。由于生产过剩、通货膨胀、大量工人失业，人们购买力大跌，大量商品滞销，出现往密西西比河倾倒牛奶，粮食作燃料等现象。面对这些问题，世界环境与发展委员会 1987 年在《我们共同的未来》报告中第一次正式提出"可持续发展"的概念。许多国家、组织均提出相应策略，促进可持续发展思想。1992 年，关于人类发展与环境的问题联合国发表了《关于环境与发展的里约热内卢宣言》。世界各国在制定实行"可持续发展战略"上达成一致，并约定以后按十年一次的频率召开相关会议。1994 年，中国紧随联合国步伐制定了符合国情的《中国 21 世纪议程》，在环境、资源、社会等方面提出相应的可持续发展方案。

2012 年，中国共产党第十八次全国代表大会提出建设生态文明，是关系人民福祉、关乎民族未来的长远大计。面对资源约束趋紧、环境污染严重、生态系统退化的严峻形势，必须树立尊重自然、顺应自然、保护自然的生态文明理念，把生态文明建设放在突出地位，融入经济建设、政治建设、文化建设、社会建设各方面和全过程，努力建设美丽中国，实现中华民族永续发展。2015 年，中国共产党第十八届中央委员会第五次全体会议指出，促进人与自然和谐共生，构建科学合理的城市化格局、农业发展格局、生态安全格局、自然岸线格局，推动建立绿色低碳循环发展产业体系。2019 年，中国落实 2030 年可持续发展议程进展报告中，将落实工作同《国民经济和社会发展第十三个五年规划》等中长期发展战略有机结合，统筹推进"五位一体"总体布局，秉持创新、协调、绿色、开放、共享发展理念，着力推进高质量发展，加快推进 2030 年议程国内落实，在多个可持续发展目标上实现"早期收获"。2021 年，十四五规划中展望 2035 年，广泛形成绿色生产生活方式，碳排放达峰后稳中有降，生态环境根本好转，美丽中国建设目标基本实现。2022 年，中国共产党第二十次全国代表大会提出尊重自然、顺应自然、保护自然，站在人与自然和谐共生的高度谋划发展，协同推进降碳、减污、扩绿、增长，推进生态优先、节约集约、绿色低碳发展。

1.1 中国传统可持续发展思想

中国传统可持续发展思想源远流长。道家的创始人老子主张"道法自然",强调人们应顺应自然规律,与自然和谐共处。儒家的孟子提倡"仁政",主张爱护万物,尊重自然。这些观念都反映了中国古代哲学家对人与自然关系的深刻理解。

中国传统可持续发展思想始于战国时期。在此时期,百家争鸣,多家学派四处游走传播学派观点,为文化交流创造了良好的环境。虽然不同学派有着自己对事物的不同见解,但在某些方面有着相似之处。如儒家的政在节财;道家的少私寡欲;墨家的凡足以奉给民用,则止;法家的俭约恭敬,其唯无福。四家学说虽角度不同,但核心理念皆提倡节俭。

中国传统可持续发展思想大致可分为"天人合一""道法自然""用之有节""物不尽物""民胞物与"五种类型。五大思想相辅相成。

1.1.1 "天人合一"思想

"天人合一"思想是围绕自然、社会和人类三个主体,探寻三者之间平衡的思想理念。认识自然,如何使三者达到均衡状态,是"天人合一"理念最初形成的起因。

旧石器时代的中晚期,伏羲观察世间万物的变化形态,依据阴阳变化之理,创造了八卦,用简单的符号,表述了世间万物的生命规律,其中"天人谐和"的整体观,让人们对自然与人类以及社会的关系有了初步认识。

西周时期，周文王在伏羲八卦的基础上注解推演成六十四卦，形成后人所说的《周易》。八卦是八个显性成像的像，即物与之相对应的是隐性成像，即事。将八个显性像与八个隐性像进行编排，推演出六十四像。六十四像是三维空间所有事物的六十四种基因，所有事物都是由六十四种基因叠加演变而成。六十四卦是周文王将事（人类社会）与物（自然）融合在一起，将其规律投射成的映像。这是对世界整体观的进一步解读。

战国时期，孔子将《周易》进行汇总、释义、阐发，做了七篇论述，即《易传》。《易传》中认为，天地混沌一体为无极，阴阳交合为太极。太极可以演变为四象八卦，进而形成万物。而这种变化被称之为"道"，道又分为天道、地道、人道。正是因为道，才将天、地、人融通为一体[2]。这种"天人合一"的整体观在道家则是"道生一，一生二，二生三，三生万物"[3]。

西汉时期，董仲舒认为天、地、人如手足一般，为一个整体，是世界组成的重要部分，缺一不可。

北宋时期，程颢将其表述为"人与天地一物也"。张载以明诚并进的方式将天人关系的思想推到极致，即"儒者则因明至诚，因诚至明，故天人合一"[4]。这也是"天人合一"一词被正式提出。

在"天人合一"思想的熏陶下，人们生活也受其影响。众所周知的因地制宜建房之法"坐北朝南"目的就是接受南方之暖气。园林美学中的借景之法，借取屋外自然之景替代室内装饰之物。在《闲情偶寄》中，李渔详细介绍了"扇面窗""无心画"。"扇面窗"是在西湖游船左右两侧开出窗洞，用木作扇面形的框，两岸的湖光山色、醉翁游女，皆成框中画，且在行船的一橹一篙间，风摇水动，时刻变化。借景之法（图1-1）既满足了人们采光、通风及装饰的需求，又合理运用自然资源，对自然环境毫无伤害。李渔不仅

图 1-1 借景之法——扇面窗

在借景方面有所研究，在制作窗框上也是有着奇思妙想。他用几根枝杆盘曲的枯木做窗框，保留其形态，以剪彩作花，点缀在疏枝细梗上，便形成了活梅开花之景。梅花窗巧妙地利用毫无用处的枯木，化腐朽为神奇，实现了审美功能。无论是借景之法，还是做景的奇思妙想，都是将自然之物稍作加工而成，使用最天然的材料、最无害的方法来满足人们的需求，以奇思妙想之计使自然和人类需求完美结合。

"天人合一"理念是人与自然二者和谐相处、缺一不可的整体观，是可持续发展的基石。

1.1.2 "道法自然"思想

"道法自然"理念是在人类对自然有了一定认识后，通过发现自然发展规律，并以其为行动法则的思想理念。"道"指人类和宇宙万物发展的规律和原则，"法"指人类社会建立的秩序和规范，"自然"则是生命和自然界的本质和原始状态。

"道法自然"源自《老子》："人法地，地法天，天法道，道法自然"。老子认为人的行事法则及天地的发展规律皆以道为准则，道以自然法则为准。自然法则是由观察得出的规律，"万物并作，吾以观复。夫物芸芸，各复归其根。归根曰静，静曰复命"。所有事物周而复始，最终会回到最初的地方或形态，这种现象被称为复命，而循环往复的规律则被称之为"常"，即所谓的"复命曰常，知常曰明"，意思是知道规律则可以做到明白事理，而"不知常，妄作凶"[3]，必然会引起灾难祸事。"知常"之后则要"以辅万物之自然而不敢为"，遵循客观规律，保持人与自然的平衡，达到"无为而治"[5]。"无为"并非是"感而不应，攻而不动"，而是"有为而有所不为"。庄子把"无为"解释为"无以人灭天"[6]，不因为人的过度行为，破坏循环的规律。杜光庭在《道德经注疏》中解释为"循理而举事，因资而立功"，要求人们顺应规律去作为，违背规律的事情应不作为[2]。在《周易•泰卦》中也提到人们做事应"辅相天地之宜"[7]，尽力调整自然的和谐。在《坤卦第二•象辞》中也告诫人们顺应事物发展规律做事，可使时世太平，万物欣欣向荣，"至哉坤元，万物资生，乃顺承天，坤厚载物，德合无疆，含弘光大，品物咸宁"[8]。所以人们应在遵循"道法自然"下，做到"无为而无不为"，遵循发展规律，实现共同发展，实现有为的状态。

"道法自然"思想即人们按照事物的发展变化规律，努力守护人类生存的环境。泥和石是大自然赋予人类的易用的筑墙材料。《闲情偶寄》中提及"一老僧建寺，就石工斧凿之余，收取零星碎石几及千担，垒成一壁，高广皆过什仞，嶙峋峥绝，光怪陆离，大有峭壁悬崖之致。"[9] 将本无用处的零星碎石，回收利用，赋予了它独特的价值。只要用聪明才智精心谋划，便另有一番风味。贫寒人家可用破碎的瓷片做窗，大小错杂，便有哥窑冰裂纹之美。取形态优美的木柴做门，疏密得体，则有书香门第之气息。"从来几案与地不能两平，挪移之时，必相高低长短，而为桌撒，非特寻砖觅瓦，时费辛勤，而且相称为难。非损高以就低，即截长而补短。此虽极微极琐之事，然亦同于临渴凿井，天下古今之通病也。"[9] 由于古时建造技术地面很难保证水平，因此几案放置地面很难保证两平，在造房或做家具之时，捡几块一边极薄，一边稍厚的废料，垫入几案腿部即可解决问题，也可涂成与几案一样颜色，与几案融合为一体，解决了美观的问题。

虽然这些都是生活中的繁琐小事，但将原本无用的废弃物，换角度重新利用，找到了物的新归宿，实现了物的循环。这便是物的"道法自然"。现今生活中，若要真正实现"道法自然"，还应考虑到无法降解材料的循环利用和再回收等。

"道法自然"强调了人与自然的和谐共生，认为人类社会应当遵循自然规律，顺应自然，达到人与自然、人与社会、人与自身的和谐。这一理念体现了中国古代哲学中的天人合一思想，强调人们应该在生活和行为中遵循自然规律，去追求自然、和谐的状态。

1.1.3 "用之有节"思想

"用之有节"思想是先人经过经验的积累，依据人类社会与自然之间的关系，产生的节俭思想。

商朝初期，伊尹提出"慎乃俭德，惟怀永图"思想，是典籍记载最早的尚俭理念[10]。

西周时期，周成王提出"恭俭唯德"，将谦虚和节俭提升到美德的层次[10]。

春秋时期，百家争鸣，各学派都对节俭有着各自的主张。儒家建议君王将节俭纳入国策，"天地节而四时成，节以制度，不伤财，不害民"[4]，只有有节制的对资源的使用，自然才能按照规律周而复始。道家提倡"见素抱朴，少私寡欲"[3]，减少个人欲望，把自我与自然放在同等地位，做好人与自然的协调关系。墨家，将节俭与国家兴衰一起谈论，告诫君王"俭节则昌，淫佚则亡"。法家，将节俭与福祸相连，认为"适身行义，俭约恭敬，其唯无福，祸亦不来矣"，节俭可以致福。各流派从不同的角度来提倡节俭，其实本质上是将私欲控制在自然承受范围之内，调节好人类与自然之间的平衡关系。

唐朝时期，陆贽认为万物的丰俭是由天而定，而取用数量是人为的，用时应考虑自然资源的限度，量入为出，即"地力之生物有大数，人力之成物有大限，取之有度，用之有节，则常足"[11]。强调了人类在利用自然资源时，应该有度、有节制，这样才能保持资源的充足和人类的持续发展。

北宋时期，邵雍告诫大家"侈不可极，奢不可穷，极则有祸，穷则有凶"。如果过度追求奢侈和过度消耗资源，超越自然的承受范围，必将引来天灾人祸。这一观点警示人们在利用自然资源时，应该有度、有节制，以保持人与自然的和谐共生。

李渔崇尚节俭，极力寻求并推崇既能满足自身需求，又能节约资源的生活方式，记录在《闲情偶寄》一书中，供旁人借鉴。"以三和土甃地，筑之极坚，使完好如石，最为丰俭得宜。而又有不便于人者：若和灰和土不用盐卤，则燥而易裂；用之发潮，又不利于天阴。且砖可挪移，而甃成之土不可挪移，日后改迁，遂成弃物，是又不宜用也。"李渔提出"不若仍用砖铺，止在磨与不磨之间，别其丰俭。有力者磨之使光，无力者听其自糙。予谓极糙之砖，犹愈于极光之土。但能自运机杼，使小者间大，方者合圆，别成文理。"根据自身需求，结合物体特性，可把物品的价值达到最大化。李渔效仿秦代伏生藏书于壁的方法，在书房墙壁间打洞，根据当地气候的潮湿程度，放置托板，存放物品。其中最可取的地方是在其间放置油灯，起到省油、养目作用的同时，还能一灯供两室之用。这种做法是从汉朝匡衡穿壁引光中汲取的灵感（图1-2）。生活中

图1-2　匡衡穿壁引光

一物多用的巧妙之处不仅如此。古人爱石，更有"泉石膏肓"者，家里放石，可以供人欣赏，石头经久不坏，也可当作器皿。平躺可做椅榻供人休息，倾斜可做栏杆供人依靠，若顶部平坦，可放香炉茶具，做几案之用。中国传统家具中的座椅多为窄板靠背，既起到支撑脊椎的作用，还减少了木材的用量，是将实用、节约、美观完美结合的典范。

我国"用之有节"的理念，虽角度各异，但都涉及人的需求或欲望与自然资源的有限性，要求人们克制欲望，减少对自然资源的使用，以便达到人类与自然的平衡。"用之有节"思想既要避免不必要的支出，也要使每一件物品做到物尽其用。"用之有节"思想强调减少支出，节约资源，通过奇思妙想，将物品的价值发挥到极致。

1.1.4 "物不尽物"思想

"物不尽物"思想与"用之有节"思想都要求人们节俭，克制物欲，但侧重点不同。"用之有节"思想的侧重点是提倡人们节俭的生活，减少不必要的支出，作到物尽其用。而"物不尽物"思想是指取用自然资源时，应作到不伤及物的根本，不灭其物种，不对自然资源造成不可逆的伤害。"物不尽物"理念建立在"天人合一"与"道法自然"理念之上。只有怀着人与自然和谐相处的观念，顺应自然发展规律，才能知道"不尽物"的临界点，从而做到"物不尽物"。

"物不尽物"是儒家文化中对待自然的态度。孔子提倡"钓而不网，弋不射宿"[12]，即不用网捕鱼，不猎巢中休憩之鸟，这是孔子对待人类欲望与自然资源两者之间适可而止的态度。孟子提出了相同的观点，"数罟不入洿池"不用捕捞小鱼的细网"罟"捕鱼，并把这种观点作为"王道之始"[13]。在《礼记·月令》中也提到了"毋覆巢，毋杀孩虫、胎、夭、飞鸟，毋卵。"禁止猎杀怀胎的动物以及幼兽，不许掏鸟蛋，等等。在《礼记·曲礼》中提到不许在万物生长的春夏两季烧田、捕杀动物，"国君春田步围泽，大夫不掩群，士不取麑卵"。这些思想和做法顺应了生物的发展规律，使生物得到一个休憩期，有效地保护了生物的根本。

"物不尽物"的思想在道家称之为"知止"。老子认为"知和曰常，知常曰明"[3]，知晓人类与自然共处的模式，理解自然发展规律，就会实现明察，而知道恰如其分，就可以幸免于灾难。这也就是所谓的"知止不殆，可以长久"[3]。同时老子从反面呼吁大家克制欲望，知道满足，"咎莫大于欲得，祸莫大于不知足"，一切的灾难祸乱都起于人类膨胀的欲望淹没了知止的理智[14]。在老子的基础上，庄子提出"知止其所不知，至矣"[6]，认为在事情超出认知范围之内时，所做之事应到此为止。

无论是儒家还是道家都警示人们在取用自然资源时，达到自我的基础需求即可，遵守事物发展规律，不要过度索取，超过了自然承受的极限会引起灾难祸事。这些灾难祸事的起因有三，一是人们过度开垦土地和放牧，对植被造成破坏，造成土地沙化或水灾；二是手工业发展对森林造成破坏；三是奢靡的生活方式对森林植被造成了破坏，例如明代初期皇宫的修葺，木材主要来源于黄河流域，而到了中晚期，转为长江流域。

1.1.5 "民胞物与"思想

"民胞物与"一词源自北宋《西铭》中的"民，吾同胞；物，吾与也。"作者张载认为，所有人皆是我的家人，所有物皆是我的同伴，人与物皆为天地所生。"民胞物与"表达了人生在世，不仅要爱他人，更要关爱自然万物的思想。儒释道三大思想流派都有着此类思想的不同表达。

儒家，主要以"仁"的思想为核心。孟子认为仁人志士之所以远离厨房，是因为看到生命的离去于心不忍，即"君子之于禽兽也，见其生，不忍见其死；闻其声，不忍食其肉。是以君子远庖厨也"[13]。北宋程颢、程颐认为"仁者以天地万物为一体"，仁德之人把世间之物与自己看作一个整体，爱他们如同爱自己。明代袁黄认为人要珍惜爱护万物，"何谓爱惜物命？凡人之所以为人者，惟此恻隐之心而已"[15]。儒家以"仁"为核心，因爱人而起，以爱物为终。

道家，以人与物平等地位的观点为主。庄子明确地表达了人与物的平等关系，"万物一齐，孰短孰长？"[16]唐末道书《无能子》中记载："人者，裸虫也，与夫鳞毛羽虫俱焉，同生天地，交气而已，无所异也"[17]。人只是万物中的一个种类，与其他无异，皆是自然产物，不能自认为地位高于其他，而残害他物。老子认为"万物归焉而不为主"，人不应该以自我为中心，对万物发号施令，以此来肯定万物的地位。道家人与物平等的思想，告诫人们不要以为人是世界的中心、万物的主人，肆意处置其他物种，应该与万物平等，相互关爱。

佛家，心怀慈悲，奉劝人们尊重珍爱生命，强调生命的价值。人要时刻怀着悲悯之心，做到"扫地不伤蝼蚁命，爱惜飞蛾纱罩灯"。惟贤长老解释慈悲为怀的对象包括一切飞潜动植物，不能随意损害。《入菩萨行论》中讲到，以自他互替的方式，认知众生与自己一样，不想遭受痛苦，从而达到像珍惜自己一样珍惜万物，这就是所谓的慈悲心。其中慈悲心中的生缘慈悲又称众生慈悲，讲求视众生为赤子，与其快乐，拔其痛苦。弘一法师便以身教导弟子，为避免自己圆寂之时，小型的昆虫误上遗体而被无辜烧死，让弟子在龛下垫四个装满水的碗[18]。佛家看中生命，讲求慈悲，认为人不可践踏世间的每一个生命。

无论是儒家的"仁爱"，道家的"平等"，还是佛家的"慈悲"，三者都认为人应当珍爱世间的每一个生物，不能随意践踏。人们经常会因为过度追求美观，不考虑环境或生活习惯，忽视物品的安全性、耐久性和使用频率，导致物品闲置或短期内损坏，大大降低了物品的价值。"民胞物与"思想是强调人们把身边的物当做朋友一样对待，提高物品的使用率。设计师在设计时应了解消费人群的生活习惯，从材料和结构上提高耐久性，减少人们丢弃物品情况的发生。

　　中国传统文化中的五大思想理念，从不同角度展示了古人对人与自然和谐相处这一问题的认识与思考，形成了我国传统文化中朴素的可持续观。"天人合一"理念展现了人类与生存环境的整体观，是其他理念的基础；"道法自然"理念是对人们遵循事物发展法则，合理处置资源的倡导；"用之有节"理念表现的是人们减少支出，节俭的生活态度；"物不尽物"理念体现了重视自然资源，以免产生自然灾害的前瞻性；"民胞物与"理念表达了视物为友，珍惜爱护身边之物的处世观[19]。

　　现代可持续理念也是对中国传统可持续发展思想的继承与发扬。在可持续发展的道路上有计划有目的地前行，也是对传统可持续文化的继承与发扬。

1.2 当代可持续发展思想

可持续理念发展可分为绿色设计、生态设计、系统可持续设计、社会可持续设计四个阶段。四个阶段并非是推翻与取缔的关系，而是每个阶段的侧重点不同，后者是对前者的补充。

绿色设计兴起于 20 世纪 80~90 年代，最初产生于 20 世纪 60 年代的美国反消费运动。"广告设计""工业设计""有计划的商品废止制度"等因素促进消费的同时，产生了资源、能源消耗和废料污染等问题，由此引发了反消费运动。美国设计师维克多·帕帕奈克（Victor Papanek）在《为真实的世界设计》中提出设计应符合国情，不能脱离当时的社会文化环境。设计的产品应从实际出发，考虑材料的特性，这一理论以节俭高效为第一目标，符合使用场景和用户需求，被称为有限资源论。对"绿色设计"理念产生直接影响[20]。绿色设计理念着眼于产品使用寿命与环境效益的观念转变，侧重于促进能量流动和物质循环，减少对自然环境的危害，放弃标新立异的形式。

生态设计是基于生态理念的理论基础，比绿色设计更加完善的一种理念。在与绿色设计产生的相同背景下，伊恩·伦诺克斯·麦克哈格（Ian Lennox McHarg）在《设计结合自然》中提出生态设计理念。1996 年，西姆·范·德·莱茵（Sim Van der Ryn）和斯图尔特·考沃（Stuart Cowan）在《生态设计》中对生态设计理念进行了完善[21]。

德国化学家迈克尔·布朗嘉特（Michael Braungart）和美

国建筑师威廉·麦克唐（William McDonough）于 2002 年出版了《设计从摇篮到摇篮》（由于其英文名为《Cradle to Cradle: Remaking the Way We Make Things》，业内通常简称为 C2C）。该书提出了一个设计理念框架，中心观点是源于自然的三个原则：变废为宝、将生态效应付诸实践、尊重多样性。

生态设计相比绿色设计更加强调考虑产品每个阶段的对自然环境的影响。

可持续产品服务系统设计是在产品服务系统（Product Service System，以下简称 PSS）理念的基础上形成的。PSS 理念是在 1994 年联合国环境规划署提出的可持续消费概念基础上产生的。PSS 理念将产品与服务结合，引导消费者重视产品功能，以减少消耗为主要手段，达到可持续发展的目的[22]。维佐里（Carlo Vezzoli）教授进一步提出了可持续的产品服务系统设计理念（S.PSS）。该理念将重点放在设计"解决方案"上，使各利益相关者共同承担起推动可持续发展的责任[23]，积极寻求社会与环境效益的平衡点，把可持续设计的格局放大，关注点从产品本身扩展到将企业、消费者、生态环境作为整体，从产品和服务两个方面进行系统的可持续设计。

社会可持续设计以社会和谐、公平为目标，包含通用设计、包容性设计、全纳设计、无障碍设计等，其关注范围从普通大众人群扩展至特殊人群。通用设计重点关注残疾人群，美国残疾人权利运动促使 1997 年美国北卡罗来纳州立大学提出《通用设计原则》[24]。包容性设计侧重点为老龄化群体与残障群体服务，1984 年该理念由欧洲建筑师理查德·哈奇（Richard Hatch）提出[25]。这些设计理念虽稍有区别，但整体上皆强调通过设计减少特殊人群生活中的不便与受到的歧视，达到社会公平与和谐。

1.3 京作家具可持续发展方法

基于以上观点和前期研究，对京作家具可持续发展的思路首先是完善体系，以政府政策为基础，保护京作家具工艺的核心部分传承，维护相关产业和配套产业同步促进其发展。其次为了解决传统家具工艺在当今时代的适应问题，基于C2C生态循环的理念观点，探索京作家具的生产、创新改革方向。最后以多样性设计及传播形式实现传承和发展的目的。

1.3.1 完善体系

完善体系对于京作家具产业的可持续发展具有重要意义。虽然内部产业转型和创新可以在一定的社会环境下提供竞争优势，但不足以应对社会环境的变化。

北京市龙顺成中式家具有限公司，从最初的"鲁班胡同"走到了"中轴线"上，金隅集团于2020年投资建设龙顺成文化产业园和北京龙顺成京作非遗博物馆，向世界展现中国非遗文化的魅力。目前各类文化艺术基金对传统手工业进行扶持，但是力度还可以进一步加大，惠及面也有待进一步扩展。针对行业特点制定细化、可操作性强的保护措施，保障传统手工业可持续发展。同时，相关部门应制定法律政策，做好行业规划，完善管理制度，保障行业稳定，保护传统手工艺人的知识产权，拓宽传统家具的市场销售渠道，此外，还可以帮助传统手工业提高国际知名度，从而扩大中国传统文化的全球市场。

促进京作家具可持续发展的重点，是通过有效的管理，使传统技能为人所用，为后代提供继续享用的权利。可以采用社会传承的形式，设立专项培养技术的学校或机构，招收学生、开设系统课程、传授相关工艺。也可在中小学教育中增加相关内容，提升京作家具在青少年中的普及；还可以加强与高校的合作，借助高校资源培养创新型人才。

总之，实现京作家具可持续发展的有效方法是在完善的体系下确保专业知识和技能能够有效地传承，并培养和扶持下一代传承人。

1.3.2 生态循环

京作家具用材和结构在可持续发展上虽然存在着天然的劣势，但是通过局部调整、有效的设计，是可以达到有效的生态循环的。

京作家具用材是影响其可持续发展的因素之一，尤其是珍贵木材的大量使用不符合可持续设计的理念。在设计中可以根据家具产品种类特点，在见光面局部使用珍贵木材，其他部分使用符合森林管理委员会（FSC）认证的木材，或利用木材优化技术和生物优化处理的新型材料。珍贵硬木的边角料也可再利用，可以制作一些体积较小的家具或家具的装饰构件。有瑕疵的木料，可以保留木材的裂纹、坑洞和色素沉淀，并借此做出旧纹理和质感，也可搭配编织材料和复古、民族性装饰风格，会有意想不到的效果。

京作家具的结构形式上可以融入模块化设计。在家具设计、生产、前期安装、使用过程、使用方式、后期维护，以及报废回收等环节遵循可持续性。模块化家具设计具有四个方面的优势：一是方便包装、运输，减少生产成本；二是方便售后服务，零部件的遗失损坏可以单独替换、重新安装，一定程度上也延长了使用寿命，减轻了资源损耗；三是难度适中的手工操作让用户在享受自己动手制作的乐趣，同时在不经意间传承了中国优秀传统文化；四是损坏拆解的零部件可进行回收，实现全流程的可持续循环。

京作家具的设计也可以采取系列化产品。系列化产品的组合形式方便用户选择款式，自由组合，还可以根据不同的生活习惯自行定制，更符合现代生活居住环境和使用需求。

合理的选材和结构设计可实现家具零部件更新，成为京作家具可持续发展的重要推进力。

1.3.3 发展多样性

尊重多样性，设计应针对不同地区的特点，积极面对挑战和矛盾，完美而有效地融入本地市场和环境。

（1）设计多样性

从家具设计的多样性出发，设计师应以尊重当地生物多样性、文化多样性和理念多样性为设计准则，实现人类活动对于环境、社会、经济的效益最大化。重视京作家具设计文化和形式多样性，激发设计师的创新能力，能有效改善家具与当前社会环境形式的和谐发展关系。

满足消费者的需求是京作家具可持续发展的重要一步。一方面是指消费者对产品的物质需求，另一方面是指消费者对传统家具文化内涵的精神需求。正是由于传统手工艺独特的文化内涵，才能形成社会中独特的文化产品。传统手工艺要实现可持续发展，既要满足市场实用性和功能性的需求，又要充分发挥自身特点，满足人们多样化的精神文化需求。但由于材料和工艺限制，相关京作家具公司创新能力略显不足，品种有限，款式缺乏新元素。因此，需要将传统手工艺融入现代设计，形成工匠与设计师的合作模式，从传统文化中寻求文化内涵，结合现代人的生活方式，提升审美情趣，创造出与时俱进的产品。

家具的造型设计应基于传统文化的优秀内涵和工艺、风格，勇于创新，提高与当今社会审美融合度，来丰富家具品种和款式。融入现代市场和发展形势，既要重视传统手工艺产品的文化精髓等附加值，又要为消费需求提供新的切入点和价值点，满足多样化的消费需求，源源不断为我国优秀传统文化注入新活力是长久不变的主题。

（2）传播形式多样性

家具设计应根据当地环境、经济和文化来设计产品和传播体系。注重相关领域的多样性发展，提高家具设计的弹性发展，也需着手于能辅助京作家具发展的相关领域，同时保障该领域发展的多样性，共同为其发挥作用。

京作家具和传统制作技艺的传播还属小众规模，应优化传播模式，加强对传统文化和手工技艺的宣传，增进大众对京作家具的了解，主动形成保护意识，形成良好的社会氛围。

传统手工业的可持续发展可以借用现代科技，一方面可以适当增加机械工具的使用和计算机技术的参与设计，以此来节省物力资源和人力成本，提高生产效率。另一方面，可以依托互联网渠道，配合当今的互联网媒体，通过新的媒体形式进行宣传，扩大销售渠道。

在互联网时代，可以凭借数字媒体传播媒介，为产品的营销和文化保护提供更多策略。当今自媒体行业兴起，可以充分借助传统文化爱好者在媒体平台创建平台，创作相关主题短视频，也可借力榫卯、木工爱好者通过公众号、视频号，推送文章、视频传播相关知识内容，或利用应用程序进行线上观看、交互体验。手机的便携性为此类宣传学习和数字化保护方式提供了绝佳平台。

数字展厅也是流行的新模式，很多艺术家和品牌的展览都不只局限于单一的平面展示，而是增加艺术性、互动性和生动性，利用数字技术和光影效果相互配合，达到绚丽的展厅效果。利用数字技术将文化传播融入体验中心和相应设备中，通过沉浸式的方式使传统技艺深入人心。

对于京作家具工艺的传播而言，引入科学技术和数字媒体的跨领域传播模式是机遇也是挑战。应充分发挥专业人员的知识储备，增大普及面，引导公众全民参与。跨领域的创新模式不只是信息时代对于多元性的基本诉求，更意味着不同学科背景的学者之间思维的碰撞。也许改良、创新、升级京作家具需要更多的心血和研究，但如果能从传播的角度，作好文化普及，那将给后期的改良提供更好的环境。虽然数字化技术和传统非遗文化身处不同领域的知识体系和文化背景，但在信息时代可以在同一领域共同发光[26]。

第2章

京作家具的
艺术特色

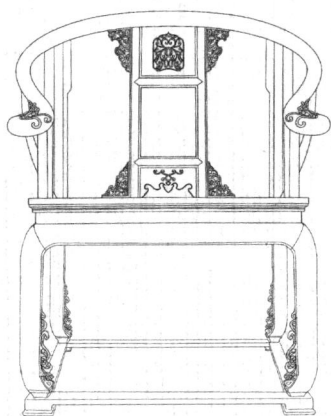

家具的产生与人们的生活息息相关，不同时期的史料从不同侧面呈现了不同的生活特色和家具样式。《五杂俎》（谢肇淛）与《松窗梦语》（张瀚）中对明代的社会、经济、文化、民情风俗等方面进行详细的阐述。《陶庵梦忆》（张岱）详细描述了明代江浙地区诸如茶楼酒肆、说书演戏等百姓的日常生活。《闲情偶寄》（李渔）分别从园林、建筑、器玩等八个部分介绍清代的艺术和生活状态。《明代社会生活史》（陈宝良）从宗教信仰、社交礼仪、衣食住行、冠婚丧祭等诸多方面对明朝社会生活变迁作了详细的考察。《清史研究》《明清史》《明史研究论丛》《明清论丛》《清史研究》《明史研究》等资料的研究内容涉及明清时期的政治、经济、文化、考古等方面的内容。《利玛窦中国札记》（利玛窦、金尼阁）《剑桥中国史》（崔瑞德、费正清）等专著则从外国人的视角对"明清时期生活史"包括当时的政治经济、典章制度、宗教文化、社交礼仪、商业贸易、民俗娱乐等进行研究，对人们的生活起居，饮食文化、服饰等方面也有详细的论述。

2.1 京作家具的形成

京作家具这一风格类型并不是在明清时期突然出现，而是继承了宋式家具的基本分类与样式，并在此基础上逐步发展并进行不同形制的创新，形成了气韵庄严、绚烂华贵的皇家风格。

传世的宋式家具非常罕见，研究者大多通过文献和绘画作品进行考证和分析。有关宋式家具的文献有沈括的《梦溪笔谈》和明代的《鲁班经匠家镜》。宋朝时期绘画发展到了令人瞩目的高度，在宫廷画和文人画中，能够看到大量有关家具的描绘，这为分析宋式家具的造型和功能提供了强有力的支撑。

宋代，农业、手工业迅速发展，社会经济繁荣，百姓生活富足，同时科技兴盛，政治开明，文化教育与科学创新均达到较高的成就。在社会背景比较稳定的情况下，人们有了闲暇时光考虑居住的需求，使得家具品种越发丰富，有床、榻、桌、案、椅、凳、墩、箱、柜、衣架、巾架、盆架、屏风、镜台、凭几等；还出现了专用的家具，如对弈的棋桌、弹琴的琴桌、进食的宴桌等。根据功能一般将家具分为椅凳类、桌案类、床榻类、柜架类以及杂类家具。

椅凳类是体现由低型家具向高型家具转变最明显的一类。由于魏晋时期正处于民族融合的阶段，魏晋知识分子对传统礼教的挑衅使得跪坐礼节逐渐淡薄，垂足而坐的习惯逐渐在中原普及，高型家具逐渐盛行，最终占据统治地位。宋代基本上完成了从低型家具向高型家具的过渡。这一时期，凳子在原有的基础上延长了腿足、加上靠背，形成了靠背椅，后又装上了扶手，组成扶手椅。在《西园雅集卷》（刘松年）中能够清楚地看到当时人们使用的高型坐具（图 2-1a）。画中苏轼坐在绣墩上写书法，王诜和李之仪两人，一人坐于圈椅之上，一人坐于南官帽椅之上围观。高型坐具的流行，不仅是起居方式的改变，也是人们对舒适感的生理需求，比如能够贴合人体脊柱生理弯曲的带有弧度的靠背板。随着一些士大夫外出游玩，为了便于坐下休息，可折叠的马扎和交椅应运而生。《春游晚归图》（佚名）中便能看到一位仆人扛着交椅随主人出游的情景（图 2-1b）。《四景山水图·夏景》（刘松年）中清晰地绘制了一把躺椅（图 2-1c），加大的座面和舒适的靠背，接近现代的休闲椅。座椅为了贴合人体曲线而采用弯曲流畅的线条，较之前方正硬朗的家具，可以说是创造性的改变，同时也是审美品位的展现。其实，靠背椅与扶手椅多为富贵人家或文人墨客使用，市井商户与平民百姓多以长条凳为主，可以从《耕织图》（梁楷）中清楚地看到织工坐于长条凳工作的场景（图 2-1d）。

为了使用方便，桌案类家具高度会随着椅凳高度的增加而进行相应的调整。在唐代基础上宋朝的家具品类有了更为细致的划分，功能也更加明确，比如餐桌餐椅的高度增加，围桌就餐方式成为主流。这一时期，桌与案在造型方面有较大差别，桌子的腿足位于桌子下方四角位置，而案子的腿足则是缩进的，并有平头翘头之分。在功能方面也有较大的区别。桌子是人们写字、作画、宴饮时所使用的器具。而案子更偏向于陈设的功能，经常摆放文人字画、古董花瓶之类的宝物。从《竹院品古图》（仇英）中可以清晰地看到这两类家具的使用场景（图 2-2）。画面正中间摆放的是带束腰大画桌，其上铺着带缠枝牡丹纹的锦缎，用以摆放书卷。后面是一件夹头榫平头案，其上陈列着各种珍奇古玩。而几类家具多是为了陈放小型器物而设计的，有茶几、花几、香几等。北宋时期的黄伯思设计的"燕几图"构思十分巧妙，由于不知道参加宴会的客人数量，特意设计出由大小不同的长方形桌面组合的家具，可以按照到会人数组合出数十种的布局方式，不仅可供宴饮之用，还能陈列古玩珍品、名人书画。至明代万历年间，戈汕在此基础上进行创新，设计出"蝶几图"，用三角形替代长方形，这样便能组合出更多样式。

宋朝时期的床榻类主要分为榻和床两类。榻多作为日常待客或者白天休息假寐时使用的家具，类似于现代的沙发，即可陈放于室内也可放于室外。在宋朝时期的很多绘画作品如《维摩演教图卷》（李公麟　图 2-3a）、《槐荫消夏图》（李公麟）中等都能够看到榻。《女孝经图》（佚名）中描绘的是壶门券口带托泥的榻，尺寸巨大，能够容纳数人（图 2-3b）。床主要是摆放在卧房之中，供人夜间休息时使用。由于私密性所限，画作中很难见到床，因此只能通过其他时期的绘画作品来加以推断。床具附近会配以屏风，为了阻隔寒风，营造更加私密的环境。从《女史箴图》（顾恺之）中可看到床与围屏结合的场景，床上加入帷幔，可以说是架子床的雏形。同时还会配以台架，方便搭放衣物。

柜架类主要是指存储型的家具，包含橱、柜、箱、匣。从宋朝的绘画作品中很难发现橱、柜，大多表现的是箱或匣子的形象。笔者推断，一是宋朝时期的柜架类家具产品发展并不完善，在室内空间中，并未形成专门用于存放珍宝、书卷、衣物的家具。由于古人的收纳和私密意识还未形成，物品一般是直接摆放于桌、案之上。二是该类家具在绘画作品中不适于表现。

杂类家具主要是指屏风和台架等不易归类的家具。台架类家具可细分为镜架、衣架、灯架等。宋代屏风的使用更为广泛，不但在居室中使用，在室外空间中也可以看到使用屏风的场景。在这一时期，书画艺术的蓬勃发展潜移默化地影响了屏风的装饰题材，从而推动了书画屏风的发展，使屏风不仅具有阻隔风沙、划分空间、美

a 刘松年《西园雅集卷》

b 佚名《春游晚归图》

c 刘松年《四景山水图·夏景》

d 梁楷《耕织图》

图2-1　宋代人物画中的坐具

图 2-2 仇英《竹院品古图》

a 李公麟《维摩演教图卷》

b 佚名《女孝经图》

图 2-3 宋代人物画中的榻

化室内环境的功能，还具有寄托理想的作用。欧阳修在《虞美人》中写道："风动金鸾额。画屏寒掩小山川。"在《罗汉图》（刘松年）、《十八学士图》（刘松年）、《槐荫消夏图》（李公麟）等作品中都能够看到书画屏风，这种屏风讲究笔墨意趣，注重营造画面意境和神韵（图2-4a），从而体现文人心中的山水，能够使观者感受到自然与生命的美妙。

镜架是用于支撑梳妆镜的一类家具，是女子出嫁时的必备物品。南宋吴自牧《梦粱录》中记载："沙罗洗漱、妆合、照台、裙箱、衣匣、百结、清凉伞、交椅。"在《盥手观花图》（佚名）中可见镜架样式（图2-4b）。宋画中鲜少描绘衣架，在《戏猫图》（佚名）中隐约能够窥见其形制（图2-4c），画中表现的是在庭园内嬉戏玩耍的猫咪，两边被衣架围绕，架上披着锦帐，高下相连，仿佛园中别有洞天，或静或动，生态盎然。此外，随着物质文明的发展，植物油燃料的广泛使用，照明已普及至千家万户，这使得宋朝的灯架样式越发多样。从《耕织图》（梁楷）中，能够看见油灯支架的样式（图2-1d）。

通过分析以上几类家具的成因，不难发现宋人在制作家具时，会根据使用者的需求来设计家具的样式。其实梳妆台、食案、画案、榻、甚至凳子的基本样式都是相同的。从《春宴图》（佚名 图2-5）、《西园雅集卷》（刘松年）、《维摩演教图卷》（李公麟）、《盥手观花图》（佚名）几幅作品中也能够看出这一结论，匠人在制作家具时以一方座面和四条腿足为原型，根据用途来调整长、宽、高的比例，以满足不同的使用需求。靠背椅和扶手椅也是在其基础上加上靠背板和扶手。

家具的风格与其所处的时代环境有着密切关联。纵观中国传统家具史，在朝代更迭、社会动荡的时期，人们的物质生活匮乏，无暇顾及家具设计方面问题。相反，在较为安定的年代，人们有更多

a 刘松年《罗汉图》

b 佚名《盥手观花图》

c 佚名《戏猫图》

图2-4　宋画中的台架类家具（图片来源：《宋代人物画册》）

图2-5 佚名《春宴图》

的时间去考虑家具的造型、功能、结构工艺等内容，于是各种设计思潮不断涌现，家具形制频出。

到了明清时期，家具的形式越发多样，主要是受当时社会的影响。社会经济繁荣发展，物质生活丰富，对家具的需求进一步扩大，家具不论是形制亦或是功能方面都发生着不同程度的变化。明清时期等级观念还是比较森严的。"明清社会有严格的等级秩序：皇帝—宗室贵族—官僚缙绅—绅衿—凡人—雇工人—贱民"[27]。而各个阶层的衣食住行、吃穿用度的规格和等级是各不相同的，也就使得家具的形制需要满足不同阶层的需求，因此家具也朝着多元化方式发展。同样，男尊女卑的封建思想也使得男女在使用家具时产生不同的样式。男性使用的家具大多庄重、典雅，而女性只能活动于后室，家具呈现小巧、精致的样式。

明代中期政局逐步稳定，商品经济的发展促进资本主义萌芽。这在一定程度上促进了京作家具的形成、发展与成熟。这一时期，豪门贵族乐于购置田产土地，对于家具的需求进一步扩大。同时，自明代后期实行"以银代役"的政策，工匠可以将自己制作的产品出售，用银钱代替工作时长，使工匠们获得更多人身和工作自由，从而提高了劳动生产的积极性[28]。以上多种原因促进了京作家具功能和形式发展的日趋完善。

清朝统治者追求奢华的室内装饰与陈设，不惜竭尽物力财力，大修宫殿及园林，致使该时期家具需求量急剧扩大。初期宫廷家具的主要来源是循明朝旧制，从苏州地区采办苏式家具。自康熙三十年养心殿设立造办处，便由造办处专责制作、修缮宫廷需用的各项器物。根据具体承办制造、修缮器物的分类，造办处又分成不同的"作""处""厂""馆"等。造办处是官办作坊，召集各地的能工巧匠汇聚京城，工匠之间彼此切磋交流，为形成京作家具独特的艺术风格奠定丰厚的基础[29]。雍正以后，随着国力的增强，宫廷的审美取向与前朝有所区别。从《钦定总管内务府现行则例·造办处卷》《造办处活计库各作成做活计档》等文献中可以发现，帝王亲自授意设计、修改了很多宫廷家具，如叠落式香几、折叠桌、如意式炕桌等。这些家具反映出帝王的审美偏好。乾隆年间宫廷家具开始到广州采办，因为距离较远，为进一步满足皇家生活需要，清宫造办处下设"广木作"，专门从广东招募技艺高超的能工巧匠，称为"广木匠"，并从沿海输送黄花梨、紫檀等硬木[30]。由于此时经济繁荣，中西方贸易往来频繁，广州作为中西方文化交汇的地方，深受西方文化影响，因此广作家具融合了巴洛克、洛可可的装饰艺术特点。与此同时，从广州进口的西洋器物被大量地带入宫中。京作家具受广作家具和进口器物的影响，融合了部分西洋纹饰，如螺壳纹、蔓草纹、西番莲纹等。

2.2 京作家具功能特点

由于京作家具每个品类功能特点形成的原因都具有特殊性，本节将从住居学的角度探析古人生活习惯、行为方式等特点并进行总结。

2.2.1 椅凳类家具功能特点

京作家具中的椅凳类家具形式较多，大致分为宝座、扶手椅、靠背椅及凳。由于明清时期等级秩序较为严苛，因此椅凳的使用需要严格地按照使用者的身份地位进行划分，其从高到低需遵守以下的秩序：宝座、扶手椅、靠背椅、凳（图2-6）。

家具的设计深受礼仪制度的影响。古代社会在正式场合之中，讲究正襟危坐，不能依靠椅背或扶手，背部必须与座面相垂直，这与坐在机凳上无异。因此传统坐具在制作时，并不像现代的沙发，靠背与座面成一定的倾斜角度来增强使用的舒适感，而是互相垂直的。

《明式家具珍赏》（王世襄）中提到宝座是供帝王专用的坐具，在大型椅子的基础上崇饰增华来显示统治者的无上尊贵[28]，属于皇帝的御用之物。宝座产生的主要原因是为服务于皇帝，体现九五之尊的身份，其造型与罗汉床类似，只是尺寸较小。

京作家具中的扶手椅大致分为交椅、圈椅、太师椅、玫瑰椅等不同样式，由于搭脑、靠背板及扶手的样式不同，因此样式繁多。交椅的广泛使用主要是源于折叠便利，易于搬运，于是逐渐发展为

a 嵌牙菊花纹宝座

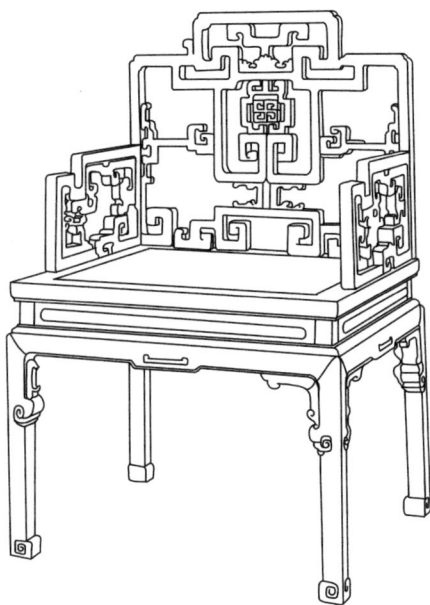

b 蝙蝠纹扶手椅

c 菊蝶纹靠背椅

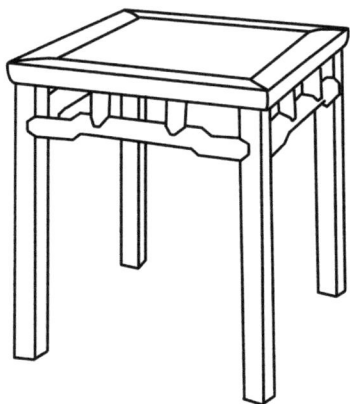

d 黄花梨方凳

图 2-6　坐具的等级序列

皇帝出行的仪仗椅，也可在野外郊游、围猎、行军作战时使用[30]。而圈椅的形成有两种观点：一是由于人们席地而坐时，会使用凭几支撑身体，以减轻腿部的压力，当进入垂足而坐的时代，便将凭几与机凳相结合，呈现我们看到的样式；二是圈椅是取自交椅的上半部位，为增加其稳定性，将交叉腿改为四足直腿[30]。太师椅最早记载于宋代张瑞义的《贵耳集》，书中提到"因秦师垣宰国忌所，偃仰，片时坠巾……出意撰制荷叶托首四十柄。"在搭脑处设计荷叶状的搭脑以防头冠掉落。而玫瑰椅椅背较低，因此该坐具经常出现在女子闺房之中。

靠背椅则既能倚靠休息，又无扶手束缚，人在使用时更加舒适与方便。

凳子延续了宋朝时期的特点，但在造型方面有所创新，凳面出现海棠式、梅花式、扇面式、六角式、八角式、鱼门洞等多种形式，常在休闲场所或室外使用。

2.2.2 桌案类家具功能特点

京作家具中桌案类家具可分为桌、案、几三种造型。桌按功能可划分为书桌、饭桌、炕桌、琴桌、棋牌桌等。案有平头和翘头之分，其陈设功能大于实用功能。桌可以按照形状分为方桌、圆桌、半圆桌、长方桌、长条桌等。常见的几类家具有炕几、香几、花几、茶几、条几、架几等，用于放置小型器物。

清代画家孙温所创作的绢本工笔彩绘《红楼梦》中"赏中秋新词得佳谶"及"史湘云偶填柳絮词"（图2-7）场景，对于桌、案、几都有描绘，表现的室内布局和应用场景十分清晰，能够展示家具功能及使用特点。

桌的样式在图中表现得比较丰富，既有圆形也有方形，并且可以承担宴饮、绘画、写字等功能。除去画中表现的类型，还有专门

a 赏中秋新词得佳谶　　　　　b 史湘云偶填柳絮词

图 2-7　红楼梦工笔连环画中桌案

的棋盘桌和琴桌。图 2-7a 画面中心为一圆桌，做餐桌之用，会餐制的流行促进了圆桌的发展。图 2-7b 描绘的是有束腰罗锅枨方桌，图中作为书桌使用。其实书桌与画桌还是有所分别的。画桌长度更长，为了纸绢能够舒展，并且桌面下方不设抽屉，防止作画挥毫时会磕碰腿部。

　　案在图 2-7b 中展现了两种功能，一是起陈列古玩之用，二是题诗作画时使用。案型家具最早是祭祀礼仪时最重要的家具之一。后来与八仙桌、太师椅组合成中堂家具。李渔为桌案家具的发展提供了建设性意见，他认为桌、案、几类家具在桌面下方需要设置抽屉，作为"容懒藏拙"之地，将杂物放置于此，不会影响室内的整体观感，使用起来十分便利。

　　香几出现在图 2-7a 十二扇屏外侧，上置花瓶。此类家具是为满足当时居室陈设、置物等某些生活场景或环境需要所设的一类家具。"在京作家具中，外观造型大多呈现方形，这是由于相较于圆形，方形省工省料。但是独有香几不按此规矩制作，这是由于几类家具既可靠墙摆放，也可居中陈设无所依傍。因此选用面面观看皆宜的圆形结体为最佳，于是圆形便成了香几的常见形式。"[30]

2.2.3　床榻类家具功能特点

京作家具中床榻类主要包含架子床、罗汉床、榻等几种样式（图 2-8）。从造型上看，架子床设计最为复杂，有承尘、床柱、床板、四面床围子并在外侧留有开口，腿足采用三弯腿的造型；罗汉床的床围只有三面，腿部为内翻马蹄腿，为了使上下和谐统一，避免头重脚轻，于底部增加托泥；榻最简单只有面板和腿。

架子床使用承尘的主要原因是受气候条件的影响。江南地区夏天炎热潮湿多蚊虫，为防止蚊虫叮咬，床上需要悬挂蚊帐，因此江南地区多使用架子床。后来这一形制进入皇宫之中，成为皇族睡觉时使用的家具，架子床顶上的承尘和四周的帷幔除了有防蚊虫之用，还能够起到藏风聚气的功效，从中医的角度分析，这样有利于周身气血的流转和运行，不会受到夜晚凉风的侵袭，不仅保障了舒适性、私密性，同时还起到隔离外部空间的效果。

罗汉床主要是以日间起居和招待客人为主，多置于厅堂之上。这也是沿袭了中国古代的生活起居是以床榻为中心这一特点，并成为人们待客的最高级别。罗汉床通常会在两端铺设坐垫、隐枕，并与炕几配套使用，既可依凭，又可陈放器物。

自明代以后，便有大睡床小睡榻的习惯。大睡是指夜间休息，人们多使用架子床。小睡是指午休小憩，常用罗汉床和榻。古人会根据睡眠时间点的不同来选择床具。

2.2.4　柜架类家具功能特点

柜架类家具是指具有收纳、储藏功能的家具，在京作家具中大致包含橱、柜、架、箱四类（图 2-9）。

闷户橱一般是指外形如桌案，腿足做侧脚收分，面下安抽屉，底部可设闷仓的样式。根据抽屉的数量分为联二橱、联三橱和联四

a 紫檀龙纹六柱架子床

b 紫檀嵌黄杨木雕农耕人物罗汉床

图 2-8 床榻类家具

橱。闷户橱产生的主要原因是为了存放贵重物品,这也是"闷户"两字的由来(图2-9a)。由于其隐蔽性,因此多作为女子陪嫁的家具,也称为"嫁底"。清晚期出现抽屉下不设闷仓,而是设柜门,以方便物品存放,大大提高了实用性。

京作家具中的柜子一般为平开门,内部设有层板,底部可安装闷仓。其形式多样,分为圆角柜、方角柜、亮格柜,用于储存被褥、衣物、食品、古玩或书卷等。宫中的柜子还需收纳御用冠袍、带履及寝宫帐帏等物。其中,亮格柜的形式较为特殊,是架格与柜子的结合体。常见的形式是架在上柜在下,这样能够保持重心的稳定的同时,展示区域位置也符合人体的视线高度(图2-9d)。

a 黄花梨螭纹联二橱

b 黄花梨官皮箱

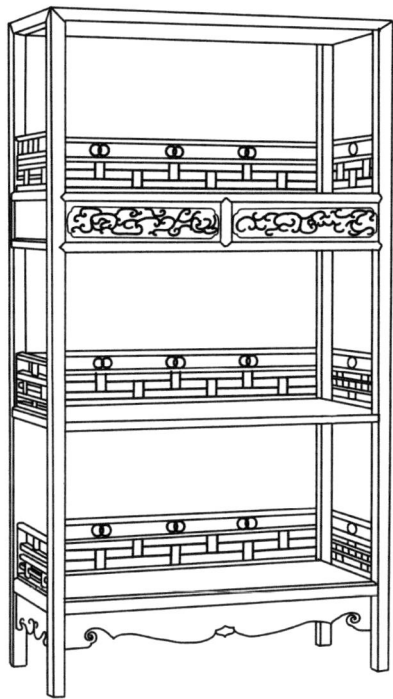

c 黄花梨品字栏杆架格

d 黄花梨万历柜

图 2-9　柜架类家具

架一般是指四面透空，装有侧板和背板的样式，根据存储物品的类别可分为架格和博古架。架格是以四根立木组框，上装层板，将空间分隔成几层，用于存放成套典籍和字画（图2-9c），一般会在适当的位置安装抽屉，便于收纳和查找物品（图2-10a）。明朝时期架格十分盛行，到了清朝，社会生活富足，有富余闲钱可以购买珍奇异宝，当购买的宝物达到一定数量，便需要专门的家具进行收纳。于是便在架格的基础之上增加竖板，分割成大小不同尺寸，也有架格和柜橱组合的形式，上半部的架格用作陈列展示，下半部用来储藏古玩器具。在这一时期，博古架的使用达到了鼎盛，甚至是平民百姓家中也陈列此物（图2-10b）。从《胤禛妃行乐图·博

a 黄花梨斗攒栏杆架格

古幽思》图中，能够看到仕女后面的黄花梨多宝格，其上装饰着拐子纹图案（图2-10c）。

箱是指长方体上翻盖内部中空的器具。最早的箱类家具是战国曾侯乙墓中出土的漆木衣箱，现收藏于湖北博物馆。箱作为外出游玩时携带的家具，于箱座处穿孔或两侧安装铜环，以便穿绳或提携方便。京作家具中橱柜类家具种类十分丰富，匠人们根据物品的形状、陈放要求设计出专门收纳的家具，使得大型箱子的数量逐步减少，取而代之的是用途明确的小型箱子，如化妆箱、文具箱、钱箱、百宝箱等（图2-11）。一般将选材优良、体积较小的箱子称为"匣"或"奁"。

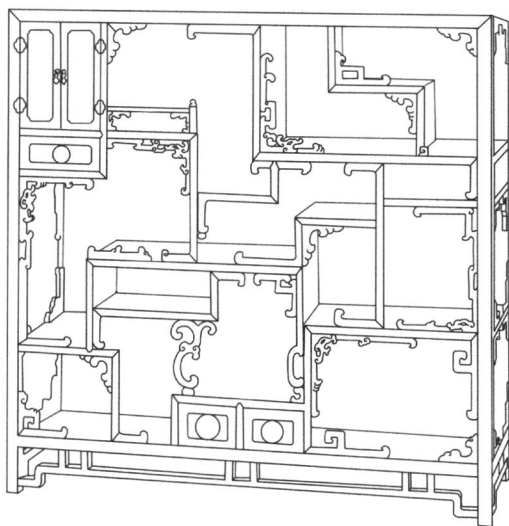

b 楸木描金夔凤纹多宝格

c《胤禛妃行乐图·博古幽思》

图2-10 架格类家具

a 红木浮雕龙纹箱

b 五屏式龙凤纹梳妆台

c 十屉箱

d 柏木冰箱

图 2-11　箱类家具

2.2.5　杂类家具功能特点

杂类家具品类较多，包含屏风类家具和台架类家具。屏风类家具分为挂屏、座屏、曲屏和插屏，起阻隔沙尘或划分空间使用。但是到了清朝时期，屏风成为彰显财富和地位的象征。

台架类家具起挂放或承托日常生活用品的功能，包括衣架、盆架、灯架、帽架等（图 2-12）。衣架用于悬挂衣服，多设在寝室内的床榻附近，或者卧室门口位置。在衣柜未正式形成之前，古人收纳衣物都是将长袍直接搭放在横梁之上。盆架是用以承放面盆，挂毛巾的，其形制到唐宋时期才得以确立。由于古代用水需从水井或河中打取，并存放于水缸之中。洗漱时，从水缸中舀水放入盆中，为了承接面盆和毛巾，匠人们设计出了此类家具。灯架产生是为了承接照明之用，同时也是为了防止火灾的发生，特意为放置油灯蜡烛设置专门的器物，从而提高安全性。帽架主要是用于摆放官员的朝帽。在古代，帽子仅为男性所使用，根据颜色、样式、顶戴、花翎的不同能够区分主人的身份地位，因此帽子不能随意摆放，需要有特定的位置，同时也是为了避免花翎折损[31]。

a 龙首衣架

b 高面盆架

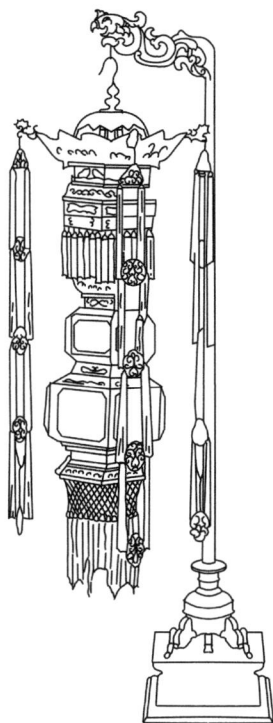

c 凤纹挑杆灯架

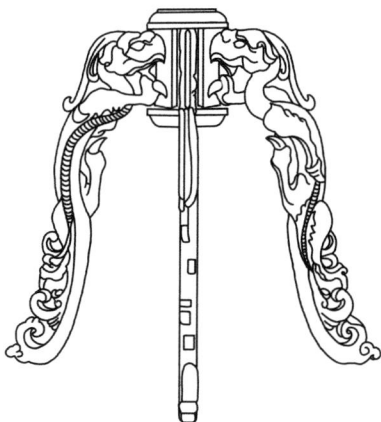

d 螭纹三足帽架

图2-12 台架类家具（图片来源：《故宫博物院藏明清宫廷家具大观》）

2.3 京作家具现状

　　清末，封建贵族逐渐没落，曾经的达官贵人所使用和收藏的家具大量流入市场，以"宫廷样"为代表的传统家具从宫廷走向民间。一部分匠人聚集在东晓市一带并开办作坊，其中一间取名"龙顺"，继续为宫廷制作、修理家具，还将宫廷风格融于民间的家具之中。之后合并吴、傅两家，改名"龙顺成"。自清末至1945年抗日战争胜利前夕，龙顺成在风雨飘摇之中，通过榆木擦漆工艺享誉京城，风行数十年不衰。

　　1956年，鲁班馆附近的35家木器作坊经历公私合营变化合并成一家，定名为"龙顺成木器厂"。随着国家发展，经济体制改革，龙顺成经历数次更名（图2-13）体现了企业逐渐走向国有化、正规化、品牌化、传承化的发展趋势，在1993年，企业恢复老字号"龙顺成"，定名为"北京市龙顺成中式家具厂"，2010年家具厂划归金隅天坛家具有限公司管理，更名为"北京市龙顺成中式家具有限公司"（简称龙顺成）[32]。

　　作为京作家具传承单位龙顺成一直致力于继承和发展民族文化，为复兴传统工艺成立了国家级京作非遗传承基地，培养了大批的优秀匠人，也为北京地区重要的场所和活动设计制作定制家具。2014年，亚太经济合作组织（简称APEC）会议在北京顺利召开，龙顺成为会场提供定制家具（图2-14a）。2022年，龙顺成为北京冬奥会制作18个品类、435件的冬奥礼宾家具，其中北京冬奥村会客室中陈设的家具，造型大气，营造出隆重华贵的待客氛围（图2-14b）。

龙顺成桌椅铺、兴隆桌椅铺、同兴和硬木家具店、义盛桌椅铺、元丰成桌椅铺、宋福禄木厂等35家传统家具作坊合并。

1956 年　龙顺成木器厂

制作民用家具、收购修复旧家具；制作京作硬木家具出口国外；保护存放大量古旧红木家具。

1966 年　北京市硬木家具厂

北京市硬木家具厂与北京市中式家具厂合并。

1984 年　北京市中式家具厂

为多家高档饭店制作具有民族风格的传统中式家具；为多个驻外使馆制作了大批量京作硬木家具。

1993 年　北京市龙顺成中式家具厂

为北京地区重要的场所和活动设计制作家具。

2010 年　北京市龙顺成中式家具有限公司

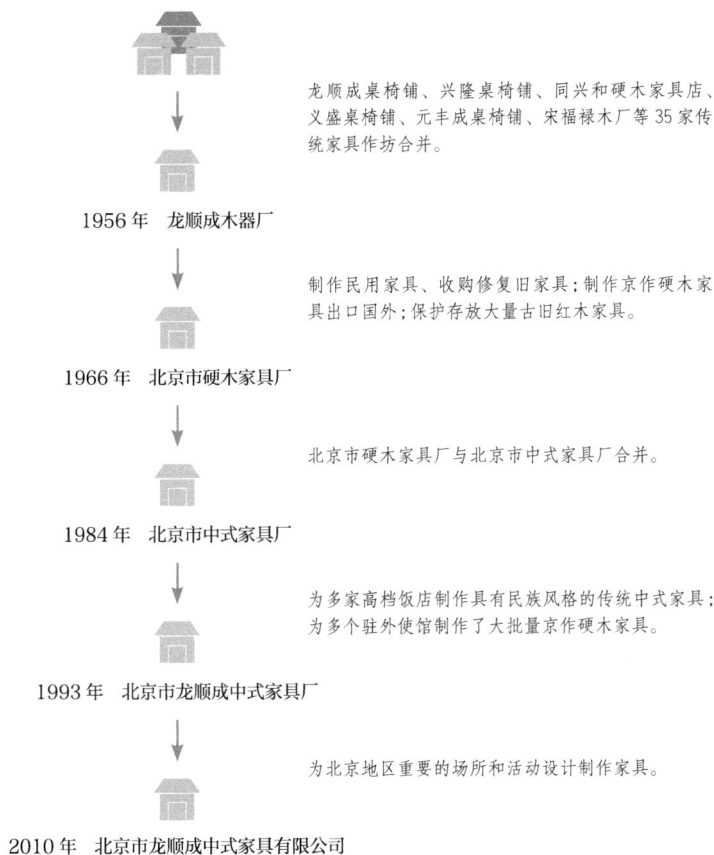

图 2-13　北京市龙顺成中式家具有限公司变迁

　　改革开放以来，我国经济飞速发展，家具行业发生了巨大的变化。西方各类风格家具对我国家具行业和设计人员有着相当大的冲击，有人认为我们应该进行全面的改革创新，学习西方；也有一部分专家学者默默守护着传统家具。1985 年，王世襄先生出版的《明式家具珍赏》开启了西方对中国传统家具的认识，并掀起了中国传统家具收藏的热潮。中国传统家具的艺术性得到了海内外博

a APEC 系列托泥圈椅

b 北京冬奥村会客室

图 2-14　龙顺成家具

物馆、收藏家、艺术家的关注。党的十八大以来，加强了对中华优秀传统文化的挖掘，使中华民族最基本的文化基因与当代文化相适应、与现代社会相协调，把跨越时空、超越国界、富有永恒魅力、具有当代价值的文化精神弘扬起来。以传统文化为核心精神的家具品牌营运而生，设计将解决现代人的审美需求、居住环境、生活习惯等方面的问题，打造富有传统韵味的家具。

2.4 京作家具的艺术特色

京作家具继承了传统设计智慧，以精巧的结构、和谐的比例、富于美感的形式，堪称设计中的典范。榫卯结构是传统家具工艺之美的集中体现，其原理就是利用交叉相互受力，达到稳固结构的效果。只有技术精湛的工匠做出的家具，才能严丝合缝、浑然天成，且不存在金属件可能出现的松动、生锈等问题。

2.4.1 艺术特色

清紫檀有束腰带托泥圈椅（图 2-15），民间称为"皇宫圈椅"，藏于故宫博物院南大库家具馆，属于我国二级文物。该圈椅特色一是椅腿一木连做的形式，二是有束腰鼓腿膨牙加托泥的形式，三是精美的透雕。

一木连做是两个或更多的构件由一块木料造成的，一般明代制造的圈椅前、后腿足会穿过座面，成为扶手的支柱，这种从下至上采用一根木材做腿足的方式在清代很少出现。这种形式更加坚固，结构上也更合理。鼓腿膨牙是腿部膨出月牙似的弧形，足部向内兜转，形成内翻马蹄样式，直接落在托泥上。腿部造型变化微妙，自然流畅。

至清中期以后，圈椅的设计重形式而轻结构，带束腰的比例多于明代及清代前期。带束腰鼓腿膨牙形式使得圈椅上下腿不能在同一铅垂线上，若要做到一木连做，用料将会增大，这也是民间使用量小的原因。

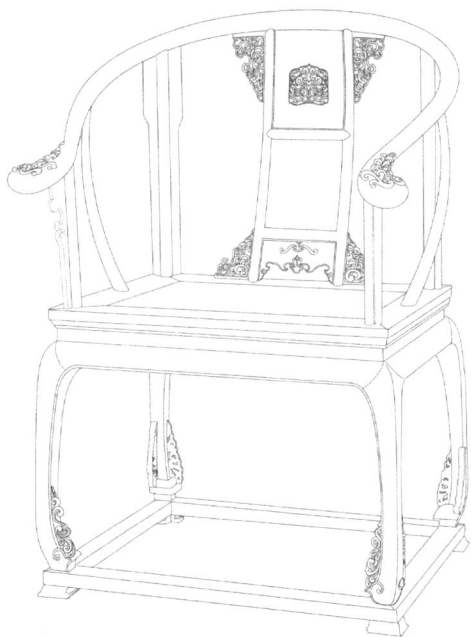

图 2-15　清紫檀有束腰带托泥圈椅

　　圈椅装饰的卷草纹也独具特色，靠背板三段攒接，顶部落堂起鼓如意开光透雕卷草纹，中部镶瘿木，下部亮脚牙板云纹装饰。靠背板与椅圈及座面相交的部位使用了卷草镂空角牙，与靠背板如意开光透雕卷草纹相呼应，使整个空间变得生动。椅圈从搭脑到扶手向后翻转呈卷书式，端部透雕卷草纹。卷草自然卷曲蜿蜒，极富立体感，腿足马蹄处也使用了相同的方法，原本繁杂的图案经过巧妙的处理，使得图案丰富而不杂乱（图 2-16）。

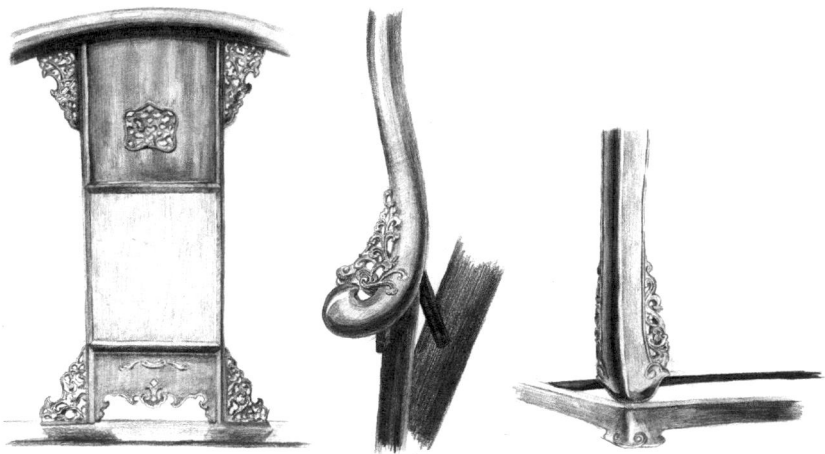

图 2-16　圈椅雕刻

2.4.2　造型

对称是中国美学的基本原则，也是传统家具形式呼应建筑空间格局的设计手法，符合中庸之道。京作家具设计中渗透出规矩、平稳的形态。

椅子的整体造型是以靠背板轴对称的，两侧的联帮棍和鹅脖相互对应。圈椅扶手圆润、端头顺圆势略向外翻，像张开的双臂，环绕着中央。椅圈粗细拿捏有度，纤细的扶手和联帮棍呼应，束腰和马蹄足有一定厚度，视觉给人稳定平衡之感。

"天圆地方"是传统文化的一种宇宙观，也是传统家具设计常用的手法。圈椅的整体造型设计正是方与圆相结合。圈椅上部为圆滑的椅圈，圆表示和谐，下为方正椅面，方表示规整。人坐在圈椅上，高于地而环于天，可见传统家具设计视天地与人共为一体，不可分割。从圈椅立面图（图 2-17a）中提取构成形式的几何设计元素，图 2-17b 为圈椅造型中采用曲线元素部分，图 2-17c 为造型中采用直线元素部分，图 2-17d 为将曲直元素结合示意图，同时

a 清紫檀有束腰带托泥圈椅正面

b 圈椅曲线元素部分

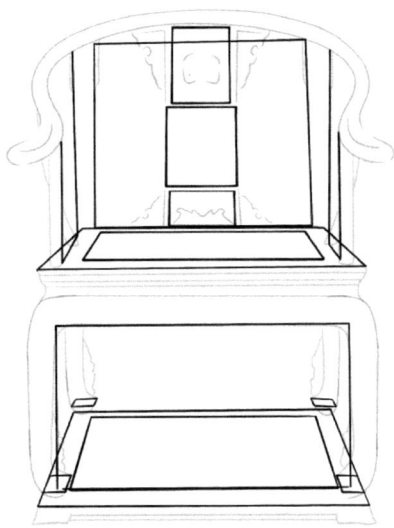

c 圈椅直线元素部分

也是此圈椅的整体形制。

此圈椅靠背板为长方形攒框搭配弧形雕刻纹样，鼓腿膨牙为圆弧造型搭配方形椅腿框结构，马蹄为内收弧形搭配方形轮廓，这些设计无一不体现方中带圆、圆中见方的形式。后腿上截的光素角牙与联帮棍之间，平直与圆润的对比，更是合乎"方圆兼济"的传统审美。这种理念的融入使家具从各个角度观赏都是完整和谐的构成画面，思想上达到人与物、人与自然的高度统一，给人以浑厚、大气、沉穆的特点。

圈椅靠背为圈椅视觉中心，上下左右空间形成平衡的视觉分区，背板装饰居中对称，具有平衡之感。靠背角牙和芯板上精美的雕刻花纹小面积应用在局部，点缀适当，装饰不会繁缛，丝毫不打破整个造型规整的视觉效果。椅圈从搭脑到扶手处的弧度一顺而下，正中搭脑处略微平缓，至扶手处则有"江河一泄、如月如弓"的流畅之感。

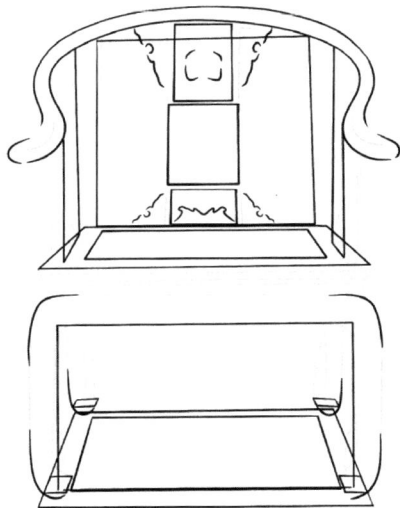

d 圈椅曲直元素结合　　　　图 2-17　设计元素提取示意图

2.4.3 结构

清紫檀有束腰带托泥圈椅的结构从上至下分为椅圈、靠背板、座面、束腰、椅腿框架以及托泥等。以下按圈椅"座面上部""座面"和"座面下部"三部分，分别阐述其结构和造型规律。

（1）座面上部

座面上部各部分名称如图2-18，分别为椅圈、靠背板（靠背角牙、靠背竖枨、芯板、亮角）、鹅脖（前腿上截）、联帮棍、后腿上截、角牙。

圈椅椅圈由五段圆弧组成，由楔钉榫连接而成（图2-19）。椅圈的下部靠背板为框架结构嵌有两块嵌板和亮角，为了使靠背板造型更加丰富，靠背与椅圈、座面的连接处设计了靠背角牙（图2-20）。椅子前腿和后腿穿过椅盘连接椅圈，前腿（上截）连接椅圈和座面，为了装饰效果也增加了角牙（图2-21a）；联帮棍起到加固结构的作用（图2-21b）；后腿（上截）同样连接椅圈和座面（图2-21c）。

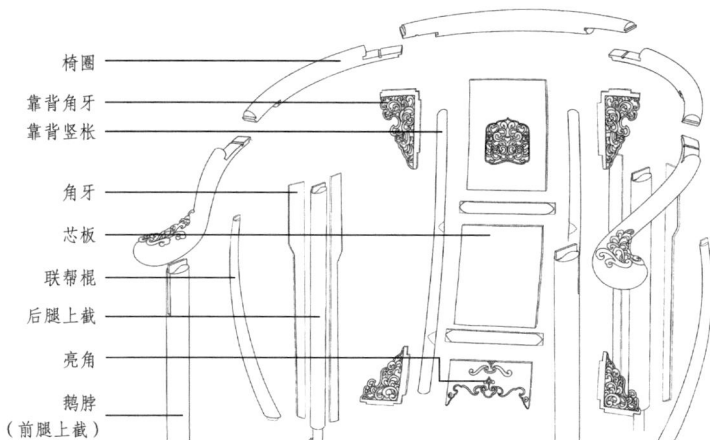

图2-18　清紫檀有束腰带托泥圈椅座面上部拆解图

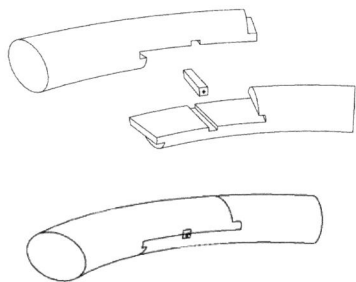

图 2-19 椅圈楔钉榫

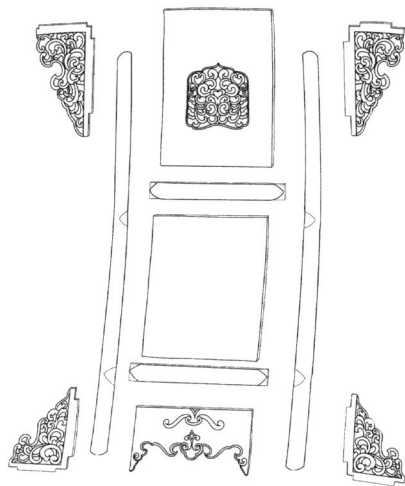

图 2-20 圈椅靠背

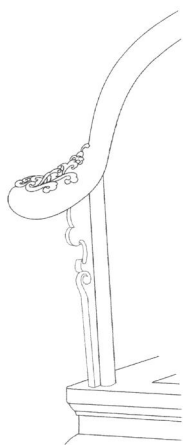

a 前腿（上截）和角牙连接

b 联帮棍连接

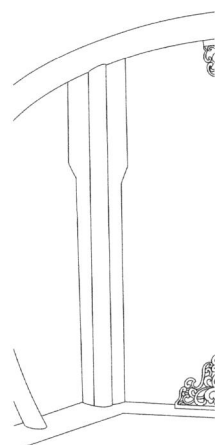

c 后腿（上截）连接

图 2-21 圈椅椅圈与座面连接

（2）座面

圈椅的座面为框架结构，使用攒边打槽装板的形式（图2-22）。座面框架由四个零件组成，较长的两称为"大边"，两头开榫头，短的称为"抹头"，内侧打榫槽。为防止座面承重易塌陷，下端横向垂直将"穿带"插入大边预留的榫眼中进行固定（图2-23）。这种结构的座面不仅结实耐用，而且将榫卯结构隐藏在内部，外部只显现流畅的轮廓和精美的木纹。

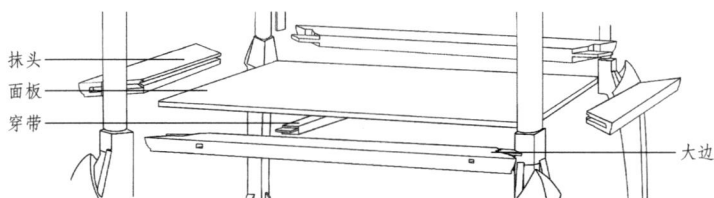

抹头
面板
穿带
大边

图 2-22　攒边打槽装板

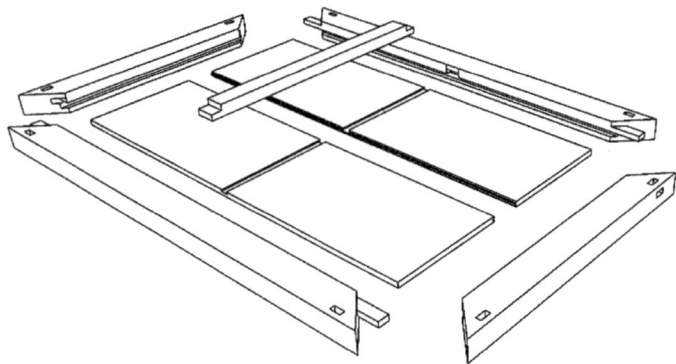

图 2-23　座面背面穿带示意图

（3）座面下部

座面下部从上至下分为束腰、后腿、前腿和托泥（图2-24）。束腰和腿足的连接、腿足与托泥的连接都是多个部件的榫卯结合。

腿部框架是承接座面板与托泥的（图2-25），托泥是椅子最下面承接椅腿的一个框架。托泥的做法使用格角的方式攒成边框，类似于座面做法，只不过不需要装面心板。在托泥的下方有承接托泥的小足，免除地面潮气对托泥和椅腿的腐蚀。

榫卯结构完美地将横竖材结合在一起。这些复杂的暗榫使得家具构件之间严丝合缝、不落痕迹，形成了稳定而牢固的结构[26]。

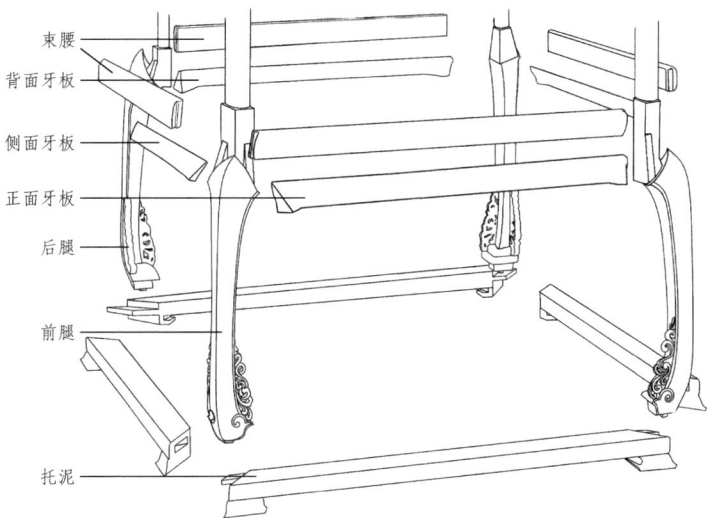

束腰
背面牙板
侧面牙板
正面牙板
后腿
前腿
托泥

图2-24 座面下部拆解图

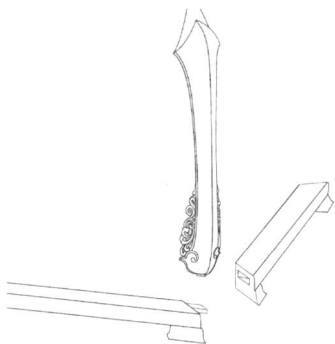

图 2-25　腿足与托泥接合

2.4.4　传承

作为京作家具非遗传承保护单位，北京市龙顺成中式家具有限公司近年来为各类大型重要活动制作过清紫檀有束腰带托泥圈椅改良款。2014 年在北京举办的亚太经济合作组织会议（APEC 会议），龙顺成承接了会场各种座椅、茶几等的制作任务，主会场座椅就用此款圈椅，选材为珍贵红酸枝（图 2-26）。其中"APEC 系列托泥圈椅"受到各国贵宾的高度赞扬，同时斩获世界手工艺产业博览会"国匠杯"银奖。此椅根据清紫檀有束腰带托泥圈椅为原型，融入现代家具人性化的特点，在托泥下边的龟角内隐藏直径约 2 厘米的滑轮，不仅克服了传统家具笨重、不便移动的问题，同时保留了中式家具的韵味与美感。

2022 年北京冬奥会期间，龙顺成作为冬奥会家具供应商，为奥运场馆制作红木家具中也有此类圈椅（图 2-27），冬奥会所用圈椅将整体尺寸进行调整，缩短腿足长度，增大座面面积，提高坐具的舒适度，同时，搭脑凸出并向后翻转呈卷书式，背板及扶手雕刻拐子纹，线条简约大方。这款圈椅造型风格尽显中国传统家具的文化艺术水准，是中国文化的典型代表。

图 2-26 APEC 系列圈椅

图 2-27 2022 年北京冬奥会
使用的圈椅

2.5　京作家具的工艺

京作家具工艺有"不计工本，法度严谨；穿销挂榫，满彻无钉；一木连做，水磨烫蜡；金玉镶嵌，浮雕线脚"之称，其综合运用雕刻、镶嵌、烫蜡等多种技艺，体现出京作家具做工精良。传统京作家具制作纯靠匠人手工完成，制作周期较长，随着工业技术的进步，北京市龙顺成中式家具有限公司在传统制作工艺的基础上，运用机械设备简化部分加工流程，但其中最为重要的雕刻、组装、水磨、烫蜡等工序依旧由匠人手工完成。

龙顺成中式家具基本加工流程如下。

（1）制材烘材，在开始制作家具以前，工厂会对所购的原材料进行制材和烘干处理，运用带锯机完成原木制材和板材制材，将锯好的板材码垛自然风干半年至两年，在含水率测试合格后送入烘干房进行烘干，烘干后仍需要码垛风干十至十五天，使木材回性。

（2）机加工工序，按照设计图纸选择需要的材料进行备料，运用精密锯、刨床、拼板机等设备进行机加工拼板。工人师傅根据设计图纸上家具各部件的零件进行划线，锯解后通过开榫机完成开榫，之后再进行打槽铣形，部件检验的流程。

（3）构件雕刻，工人师傅根据设计图纸，画出需要雕刻的图案实样，这一步被称为"拓样"，然后将实样贴在需要雕刻的家具构件上，完成"贴样子"工作，之后按照锼活、凿活、铲活、锉活、磨活的加工流程完成构件雕刻，并进行检验。

（4）木工工序，家具各部件都按照图纸处理完成后需要进行整体预组装，对于榫接不严的地方进行剃活，用鳔胶进行粘接组成白茬家具。

（5）油工工序，用布沾水刷在白茬家具上，使表面的木刺吸水胀起方便刮磨，家具的刮磨是否到位会影响家具最后完成的效果。在烫蜡之前要对家具进行找色处理，保证家具整体色彩一致。烫蜡工序是京作家具非遗的典型制作技艺，因南北方气候和工艺的不同，形成了南漆北蜡的工艺特点。烫蜡分为调蜡、布蜡、烫蜡、起蜡、剔蜡、赶蜡、压蜡、擦蜡、抖蜡这九个步骤。这种擦蜡打光的工艺被称为"干磨硬亮"，也被称为"包浆亮"，是颇为讲究的京作硬木家具的工艺步骤。

最后完成铜饰件安装、成品检验、包装入库这些步骤（图2-28）[33]。

京作硬木家具现代制作工艺

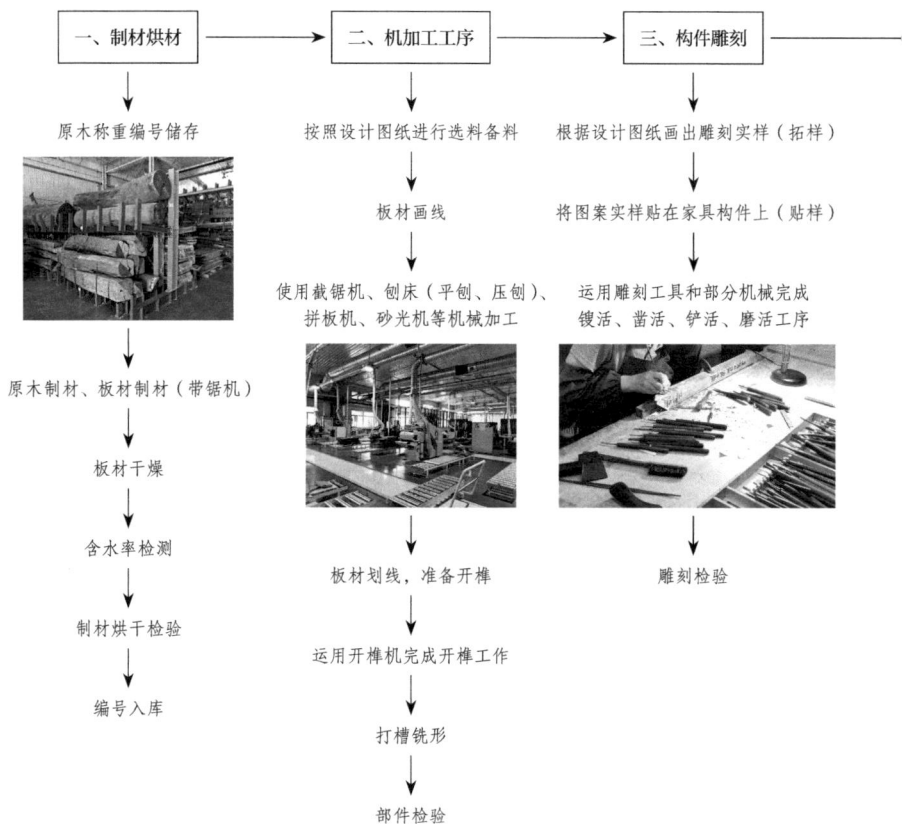

一、制材烘材 → 二、机加工工序 → 三、构件雕刻 →

原木称重编号储存

原木制材、板材制材（带锯机）

↓

板材干燥

↓

含水率检测

↓

制材烘干检验

↓

编号入库

按照设计图纸进行选料备料

↓

板材画线

↓

使用截锯机、刨床（平刨、压刨）、拼板机、砂光机等机械加工

板材划线，准备开榫

↓

运用开榫机完成开榫工作

↓

打槽铣形

↓

部件检验

根据设计图纸画出雕刻实样（拓样）

↓

将图案实样贴在家具构件上（贴样）

↓

运用雕刻工具和部分机械完成镂活、凿活、铲活、磨活工序

雕刻检验

```
─────┐   ┌──────────────┐        ┌──────────────┐        ┌──────────────┐
     └──▶│ 四、木工工序  │───────▶│ 五、油工工序 │───────▶│ 六、铜饰件安装│
         └──────────────┘        └──────────────┘        └──────────────┘
                │                        │                        │
                ▼                        ▼                        ▼
```

家具各部件表面处理

对家具进行磨活处理，
刮磨、干磨、水磨

┌──────────────┐
│ 七、成品检验 │
└──────────────┘

家具预组装和剩活处理

│
▼

┌──────────────┐
│ 八、包装入库 │
└──────────────┘

将预组装合格后的构件拆解，
部分用鳔胶粘合，整体组装成白茬家具

对白茬家具进行整体扫活

对家具进行找色处理

木工检验

对家具进行烫蜡处理，调蜡、布蜡、烫蜡、
起蜡、剔蜡、赶蜡、压蜡、擦蜡、抖蜡

烫蜡检验

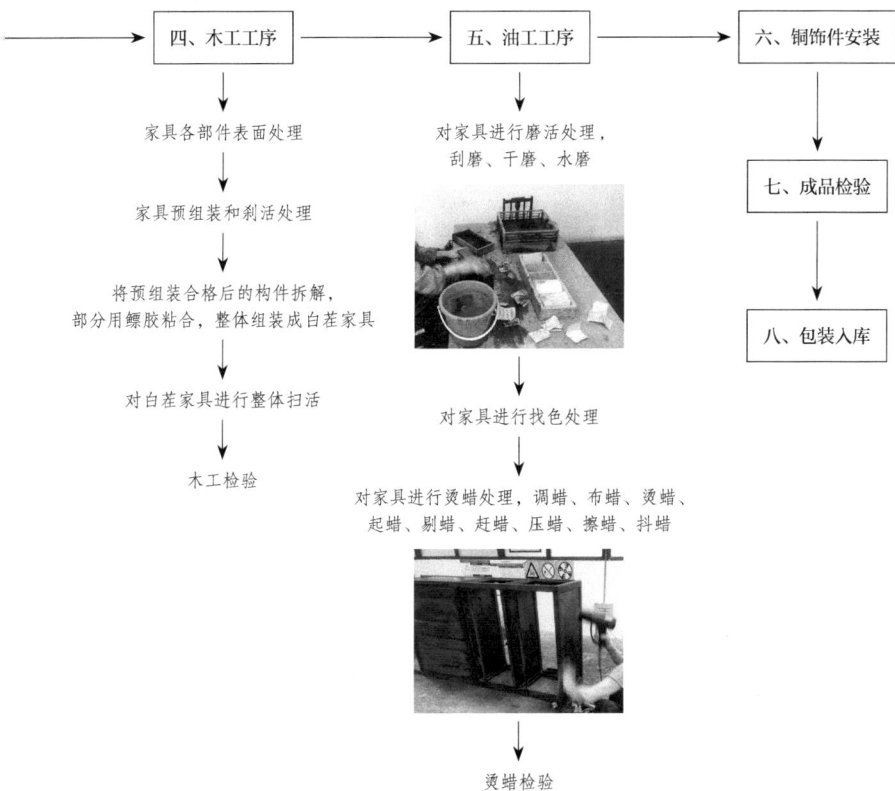

图 2-28 京作家具现代制作工艺流程图

第3章
京作家具可持续发展保护

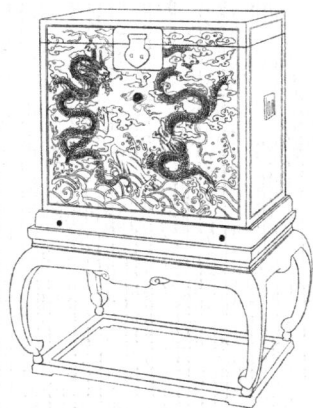

3.1 京作家具保护

　　非物质文化遗产保护可分为静态传承、活态传承和可持续发展保护。静态传承指"口传心授"式的活态文化通过录音、拍照、录像、笔录等形式进行抢救性记录，为后代保存可供提取、复制的原型模块。活态传承指建立非遗传承人制度，将传统技艺进行传承并且传播。可持续发展保护指在可持续设计理念下，利用数字文化遗产结合大数据、5G 网络环境，应用人工智能进行遗产的智能保护、文化遗产的精准记录以及展示传播。京作家具保护的这三种形式是并存的关系，并不是依次取代的关系。

　　京作家具早期研究是静态传承的状态，靠学者实地调查、文物测量、古籍文献解读，将匠人一代代口传心授的制作技艺记录下来进行保护。王世襄先生在撰写《明式家具研究》等系列著作前，经历了多年的调查走访，从收藏家到一般百姓家中，从古玩铺到传统家具制作厂，竭尽所能进行拍照保存；对于不能拍摄记录的，他在征询主人同意后进行了测绘，尽可能地将这些家具数据留存下来；王世襄先生将匠人口述的传统家具制作技艺的名词和术语也作了详细的记录，为后来的研究提供了重要的资料参考[28]。

　　2005 年 3 月《国务院办公厅关于加强我国非物质文化遗产保护工作的意见》提出，建立科学有效的非物质文化遗产传承机制——对列入各级名录的非物质文化遗产代表作，可采取命名、授予称号、表彰奖励、资助扶持等方式，鼓励代表作传承人（团体）进行传习活动[34]。其中非物质文化遗产代表性传承人，是指承担非物质文化遗产代表性项目传承责任，在特定领域内具有代表性，并在一定区域内具有较大影响，经各级文化和旅游主管部门认定的代表性传承人。[35-36]京作家具保护进入到活态传承阶段，确立了京作家具的非遗代表性传承人，目前京作家具传承单位北京市龙顺成中式家具有限公司，确立了五代代表性传承人（简称传承代表人）。第一代传承代表人是自1862年开始，有龙顺创始人王永顺、义成的张秀芹、福盛祥的高福生、元丰成的李建元；第二代传承代表人是晚清到民国时期龙顺成的魏俊富、义成福记的张获乾、兴隆的韩春波、义盛的傅佩卿、义源恒的孙怀乾、义成的祖连朋；第三代传承代表人是新中国成立后公私合营35家木工作坊合并，沿用"龙顺成"字号的李永芳、孙月楼、陈书考、朱瑞琪；第四代传承代表人是龙顺成的种桂友；第五代传承代表人是龙顺成的刘更生[37]。

随着位于北京中轴线的北京龙顺成京作非遗博物馆于2021年12月正式开放（图3-1），京作家具保护进入到可持续发展保护阶段。博物馆首次全面展示京作家具制作技艺的历史、成就与精髓。传统的京作家具制作技艺承帝王气度，集百工巧思，至明清时期走向巅峰，卓然大成。其庄重典雅、细腻美观、大气内敛、高贵含蓄的风格，体现了皇家的审美趣味；作为历史名片，京作家具也反映了那个时代的木作工艺水平和审美素养。在线下博物馆开放的同时线上也发布了"北京龙顺成京作非遗博物馆"小程序，用户可以足不出户通过手机观看云展览，了解相关知识，打破了文化传播的地域和时间限制，使京作家具与数字技术接壤，拓展了京作家具数字保护新途径。北京龙顺成京作非遗博物馆及线上小程序弘扬了中华优秀传统文化，推进了文化遗产创新传承，在中华民族伟大复兴的新时代焕发出勃勃生机。

本研究的京作家具可持续发展保护重点是京作家具的数字化保护。

a 北京龙顺成文化产业园示意图

b 京作非遗博物馆

图 3-1 北京龙顺成京作非遗博物馆

3.2 京作家具数字化保护

2015年9月25日，联合国可持续发展峰会在纽约总部召开，联合国193个成员国将在峰会上正式通过17个可持续发展目标。可持续发展目标旨在从2015年到2030年间以综合方式彻底解决社会、经济和环境三个维度的发展问题，转向可持续发展道路[38]。

2020年5月22日，李克强总理在国务院政府工作报告中提出："要全面推进'互联网+'计划，让新科技与传统行业相结合，共同打造数字经济新优势"。"互联网+"是由互联网企业易观国际的创始人、董事长兼CEO于扬提出，指互联网在知识社会创新2.0的驱动下，形成的经济社会新形态。"互联网+"是互联网通信技术与平台叠加、连接与融合。"+"通常指互联网连接各个传统行业，是对传统产业的优化升级、迭代更新，充分发挥互联网信息技术和平台媒介的优势，将互联网与不同的传统行业进行深入的、有效的创新融合，使传统行业以新的方式跟上时代的步伐，并创造出符合当下经济社会新形势的特色，不断为传统产业赋能。国家提出"互联网+文化""互联网+博物馆"等保护与传播中国传统文化的相关数字建设政策，是可持续发展的重要手段。

"互联网+"时代，产业互联网和消费互联网的融通为京作家具传播带来了更多便利，线上线下深度融合发展为京作家具提供了分享、传播的机会。"互联网+京作家具"是京作家具文化推广的新发展生态，在实体传承、国际化传播的广泛性与普及性受限的情况下，该模式能够突破局限，线上与线下相结合，可以实现京作家具在跨文化领域的普及性推广。

　　伴随 5G 技术、云存储技术的发展和网络基础建设的持续完善，保护与传播中国传统文化的相关数字建设政策，受到广大群众的关注和支持。互联网发展的日益完善，促使中国网民人数不断攀升，根据 2023 年 8 月 28 日中国互联网络信息中心（CNNIC）发布的第 52 次《中国互联网络发展状况统计报告》了解到截至 2023 年 6 月，中国网民规模达 10.79 亿人，较 2022 年 12 月增长 1109 万人，互联网普及率达 76.4%[39]。这些都为京作家具数字化建设提供了良好的基础。

　　可见发展京作家具数学化保护是无论是从国家政策还是技术方面都是符合当今社会发展的现状和趋势的。

3.3　京作家具数字化保护系统架构

京作家具数字平台建设是京作家具保护与可持续发展研究的一部分，作为一项重要的网络应用，不仅需要保存京作硬木家具的文字信息，还需要对京作硬木家具以及相关学科的文字资料、图像资料、声音解说、配乐、视频和三维模型等多媒体信息内容进行全面的数字化。

京作硬木家具数字平台建设包括网页的建设、数字展厅的建设及手机 APP、微信小程序的开发。依托互联网技术发布京作硬木家具文化数字化平台，联合网络、触摸媒体、数字杂志等向跨文化领域内用户推荐京作家具文化数字展示平台的信息以及相关可视化文化模块。利用 VR 技术建立数字体验中心，通过视觉、听觉、触觉产生身临其境之感。借助安卓、苹果系统，将京作家具造型、技艺、文化、用户 APP 模块发布，实现典型京作家具文化在跨文化领域内用户共有。这些从不同角度满足了不同人群的需求。

3.3.1　网站设计

京作硬木家具平台的构建为实现京作硬木家具的传播与推广提供了核心内容，图 3-2 为网站框架图。

通过 IP 地址进入京作硬木家具平台站点，登录用户的端口进入平台。首页介绍了京作家具概况，京作家具保护政策和相关研究成果。京作家具保护和传播的主体内容包括家具造型、结构、工艺、工具等，主要以文献和数据库的形式进行展示。

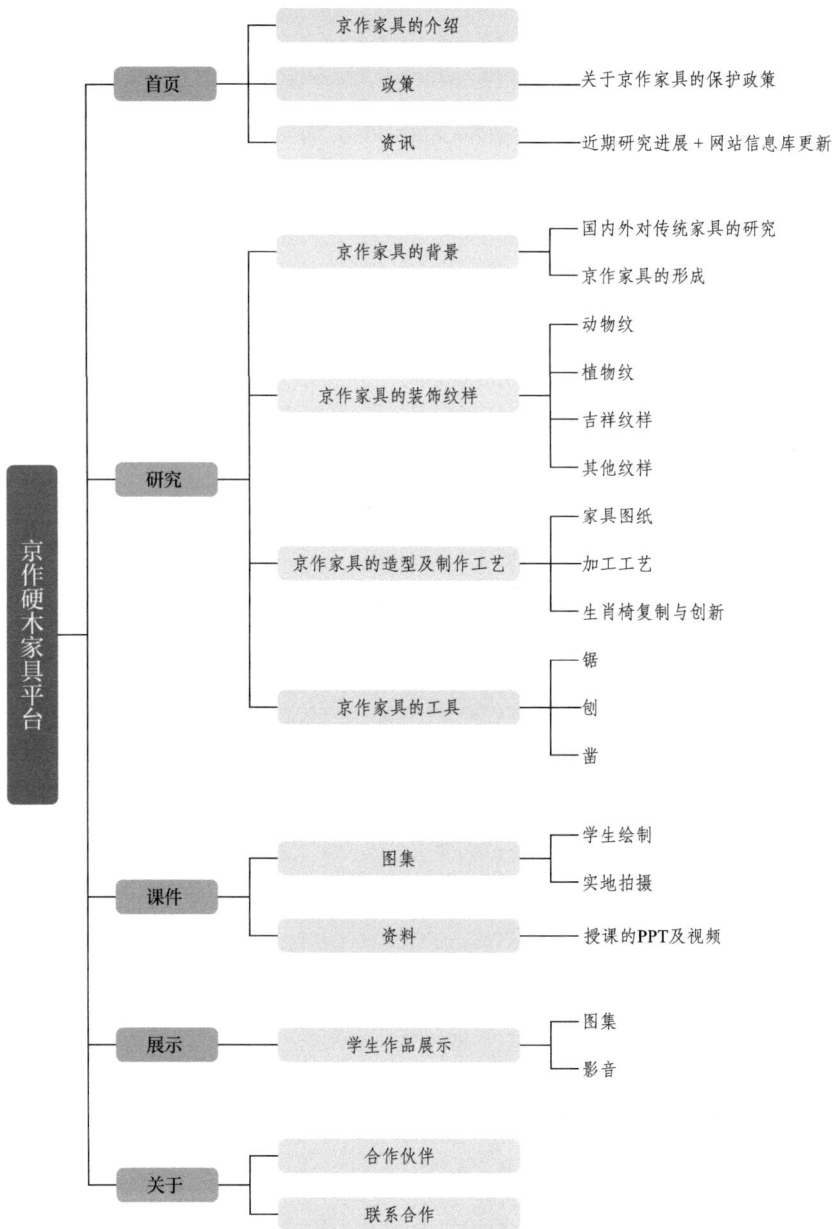

图 3-2　京作家具网站框架图

京作硬木家具平台立足于互联网视角，推动高校京作家具传承教育创新。基于高校教育教学活动开展的基本特征来看，相关线上、线下课程的设置可以是其主要形式。课程设置可以根据京作家具历史发展轨迹，相关内涵以及表现形式等方面对其知识体系加以细化，设置专业课程，引导学生基于京作家具历史发展顺序对相关知识内容及表现形式加以全面而细节化的把握，同时也将优秀学生作品上传网页，激发学生学习兴趣。此过程当中需把握对京作家具传承及发扬的重要意义。图 3-3 为京作家具研究网网页展示。

图 3-3　京作家具研究网网页展示

3.3.2 展厅设计

京作家具数字展厅是一个创新的文化传播平台，以数字化技术为载体，深度挖掘并展示京作家具的文化背景、用材、结构、装饰、工具、制作技艺等方面的内容。这个数字展厅旨在传承和弘扬我国优秀的传统家具文化，让更多人了解、欣赏和认识京作家具的独特魅力。

数字展厅发展紧紧围绕教育、研究、欣赏三大模块，全面、系统地梳理了京作家具资源，充分利用互联网、大数据、云计算、物联网等现代信息技术，构建以数字资源库为核心的资源中心，建设开放的京作家具信息网络体系，提升京作家具数字化资源管理利用水平，多维度展示京作家具相关信息，讲好"京作家具故事"，让京作家具文化"活起来"，提升保护与利用的能力和水平，将京作家具作品、文献、展览等文化遗产资源进行数字化，形成可以方便使用的数字资源，通过互联网、移动物联方式，更有效地传播文化遗产，为社会提供公共服务。展厅促进京作家具更好地传播、弘扬中华文化，推动文明交流互鉴[40]。

京作硬木家具数字体验中心设计，充分利用计算机虚拟现实技术，整合图像、声音、动画、视频等多媒体技术，创造出具有交互性、沉浸性、构想性的新型信息多媒体。在数字技术帮助下虚拟现实空间内，通过视觉、听觉、触觉产生身临其境之感。如果仅用静态技术，只能呈现出京作家具本身的造型和部分细节，而家具从原材料的获取、到工匠使用工具对材料进行加工、打磨、装配等过程，观众并不能看到，只能通过想象去体会它背后超越时代的技艺美，而且不可避免地会在理解上有所偏差。数字化展示注重交互体验，鼓励观众积极投入并参与其中，而不只是通过传统的图文影像被动接受信息，它引导观众从被动的参观者转换成主动体验、互动和思考的参与者，促使展示总体朝着数字化、信息化、虚拟化发展。因此，运用数字化技术丰富展示内容已是大势所趋、社会所向。

3.3.3　手机应用程序

以手机应用程序作为传播京作家具文化的载体，从而加强对京作家具文化的传播，体现传统文化的现代化，实现京作家具的交流、传播、发展。

选定生活中不可或缺的手机作为传播载体，以手机应用程序的方式来开发设计京作家具传播软件，使文化更自然地融入生活，达到传播的目的。京作家具应用程序突破传统京作家具中元素单一死板的弊端，在技术方面加入图像、音频、视频等多种格式，方便人们查询、了解相关文化，使文化更具魅力，更加鲜活，更容易让人们接受。搜集京作家具的制作技艺、纹样设计、文创产品等，将收集到的信息建立数据库，实现京作家具资源共享。根据收集的京作家具资料来开发设计基于手机应用程序的传播软件，为京作家具的传播加入现代化气息。

3.3.4　微信小程序

微信公众平台作为我国目前使用最广泛的新媒体平台，具有用户量大、互动性强、投入成本低等优点，人们无需下载手机应用程序，只需查找相关内容就可以获得内容丰富、发布时间最新的信息资源。基于种种优点微信公众平台吸引了众多商业、文博、教育等行业的加入，所以建设京作家具小程序是十分必要的，在记录、展现京作家具文化的同时提供了新的保护传承途径，使京作家具文化传播不再受到地域和时间的限制。

京作家具数字展厅、微信小程序作为优秀的文化传播平台，展示了不同的优势，深度挖掘并展示了京作家具的文化背景、用材、结构、装饰、工具、制作技艺等方面的内容。这种传播方式不仅有效地保护了京作家具这一传统文化，也为其传播提供了新的途径，在第 4 章和第 5 章展示了本研究在这方面的设计实践。

第 4 章

京作家具数字化展厅设计

互联网时代凭借数字媒体的传播媒介，为产品的营销和文化保护提供了更多策略。利用数字技术将文化传播融入体验中心和游戏设备中，通过娱乐的方式让大众乐享其中。

从京作家具的传播角度而言，引入科学技术和数字媒体的跨领域传播模式是机遇也是挑战。应充分发挥专业人员的知识储备，增大普及面，引导公众全民参与。跨领域的创新模式不只是信息时代对于多元性的基本诉求，更意味着不同学科背景的学者之间思维的碰撞。改良、创新、升级京作家具需要更多的心血和研究，从可持续发展保护的角度，作好普及，将给后期的深化提供更好的环境。虽然数字化技术和传统非遗文化处于不同领域，知识体系和文化背景也不同，但在信息时代可以在同一领域相互成就。

4.1　技术应用

　　虚拟现实技术（Virtual Reality）以下简称 VR，是利用电脑生成三维空间的虚拟世界，模拟多种感官效果，即时无限制地观察三维空间内的事物，让用户感觉仿佛身临其境。VR 具有（远程）存在感、交互感和沉浸感三个特征。存在感指 VR 技术带给人实际所在的地方之外的某个地方的感觉；交互感指用户可以实时操纵他们的虚拟环境；沉浸感则是人的行为活动完全置身虚拟幻境之中。当使用者佩戴 VR 设备时，自身位置移动，电脑即可进行运算，生成三维世界影像传回视觉设备中，创造沉浸式的游戏体验。VR 技术集成电脑仿真、电脑图形、人工智能、网络并行处理等技术协同运作形成成果[41]。

　　VR 技术的主要市场和运作载体很大一部分是以视频和游戏类为主的消费软件，也是最开始主要应用的领域范畴。虚拟的游戏环境提供一种"共享""模拟"的空间，这些空间由"居民"（游戏者）居住和塑造，并且支持可定制的化身和多用户交互模式。国内的游戏场所以及商场内经常出现 VR 体验门店，但 VR 设备、配件和游戏软件国内家庭使用的普及率并不高。

　　除了游戏和娱乐功能外，VR 技术还在生活的众多领域中发挥着重要作用。爱尔兰的 VR 初创公司（VR Immersive Education）和谷歌教育平台（Google Expeditions），已经开始在课堂应用 VR 技术，涵盖了解剖学、地理、历史、物理和化学等科目；哥伦比亚大学和哈佛医学院使用 VR 技术培训外科医生。VR 技术在临床心理学中也得到应用，开发了用来分析、评估和治疗心理健康问题的程序，让患者在虚拟现实中学会处理与其病情相关的问题情境[42]。同样 VR 在治疗焦虑障碍时也更安全，减少病患心理障碍，成本更低。除此之外，壳牌公司使用 VR 进行深水石油项目的安全培训。埃森哲公司、宜家公司使用 VR 技术面试、评估员工。

VR 技术在国内展陈等方面也有一定的应用。此技术既可广泛应用于房地产、建筑和旅游等行业，还可用于危险的军事训练、执法训练中或新闻和媒体传播领域。VR 作为当代新媒体运营的载体，充分运用和发展数字技术，加强使用者的体验感[43]。

4.2　数字体验展厅应用现状

近年来，国内多家博物馆都将数字技术运用在传播展览中。其中"发现·养心殿"主题数字体验展为故宫博物院推出的特色数字展厅。自 2015 年 12 月起，故宫养心殿开始进行研究、保护、维修的工作。为了弥补游客不能游览养心殿的遗憾，2018 年故宫博物院在端门数字馆举办了特别的数字体验展——"发现·养心殿"，展览以 VR 技术、人工智能技术（AI）、人机交互等为技术支持，为游客打造了一个全新模式的数字形态展厅。故宫自 2000 年开始探索 AI、VR 技术的应用，十多年间积累了大量建筑、珍宝、文献资料的数据和三维模型，为布展提供了坚实的技术背景和文化支持[44]。

数字体验展从故宫博物院的历史背景、古建筑、奇珍异宝、书画展品等多重角度，分为十三个体验模块，分别是"数字沙盘全景图""数字长卷——故宫名画记""数字书法——兰亭序""数字多宝阁""召见大臣""数字宫廷原状——三希堂""数字绘画——写生珍禽图""亲制御膳""数字织绣""批阅奏折""数字屏风——宫廷服饰""养心殿漫游""虚拟现实剧场"。图 4-1～图 4-4 为该数字体验展部分模块的体验照片。

将现有体验模块所涉猎的文化知识、交互方式和运用技术进行对比分析（图 4-5）。体验中心的展示内容模块以平面展示的形式为主，大部分都支持游客亲身互动体验，其中包括触屏互动，包括完成书法、绘画、织绣、制作"御膳"等虚拟操作，但沉浸式体验相对较少。

图 4-1　数字书法——兰亭序

图 4-2　亲制御膳

图 4-3　数字宫廷原状——三希堂

图 4-4　虚拟现实剧场

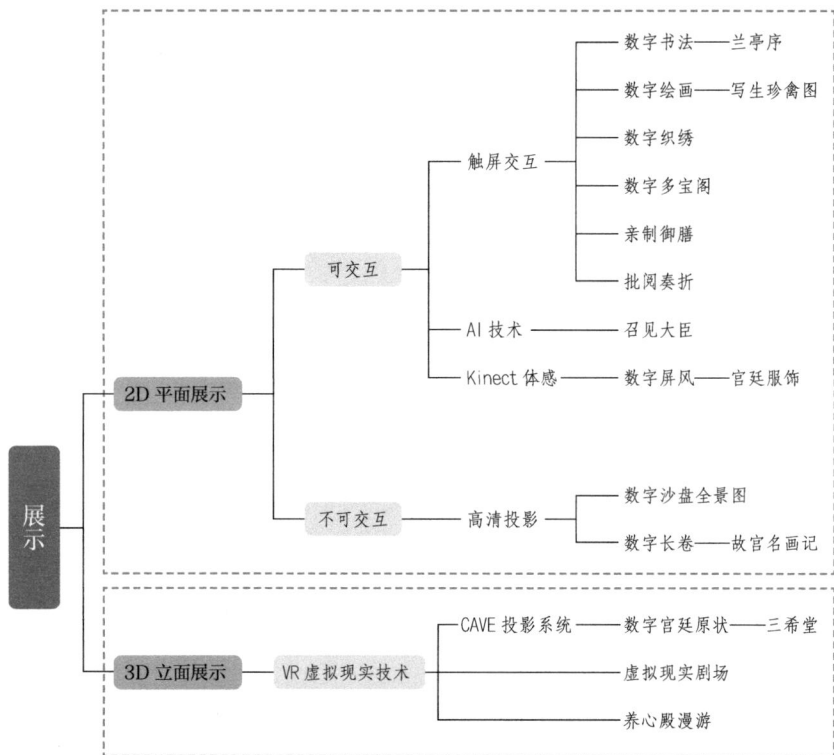

图 4-5 2D 与 3D 展示对比分析

从展示内容角度分析，展区精选了故宫博物院最有代表性的器物、服饰、织绣、珍品书画及室内空间，没有基于传统家具的文化知识传播内容。

根据调研结果，其中"数字宫廷原状——三希堂""虚拟现实剧场""养心殿漫游"三个项目都运用到不同类型的虚拟现实技术，涉及故宫场景还原和知识文化普及等方面的传播内容。目前这项技术在数字展示和文化传播方向上十分成熟，可以支持方案的实际运作。

4.3 京作家具数字展厅方案设计

京作家具数字展厅是将京作家具的文化背景、用材、结构、装饰、工具、制作技艺等内容，通过数字化方式呈现出来，利用 VR 技术，实现人与京作家具之间的互动，以达到保护和传播的作用。

京作家具数字展厅的虚拟场景共划分为三个区域，即"走进京作硬木家具""探寻结构纹饰之美""赏玩非遗技艺佳作"（图 4-6），为了表述方便下文简称为一区、二区和三区。体验者佩戴好 VR 设备后从起始点出发，按照图 4-7 流线图所示由浅入深在三个模块内体验、学习。展区的完整体验流程以及体验项目如图 4-8 所示。即便是毫无传统家具基础知识的游客，也可以从初步了解开始，逐渐进入深度学习，最后掌握技术知识，亲自操作体验木工技艺的制作流程，各环节体验的设计方向和功能性分析如图 4-9 所示。

图 4-10 为京作家具数字展厅的完整场景平面图，包括场景内各部分展览陈设、各种模型摆放位置及显示屏位置。图 4-11 为数字展厅场景的配色示意图，以低饱和度的色彩为主，打造柔和的视觉效果。

交互界面元素：UI 按钮和设计风格采用几何形状和传统古风元素为基础。如图 4-12 所示装饰部分选用具有文化内涵的传统植物元素装饰，兰（左上角装饰）、竹（左侧装饰）、莲（中间圆盘莲花瓣纹装饰），配色和风格偏重素雅、沉稳的质感。

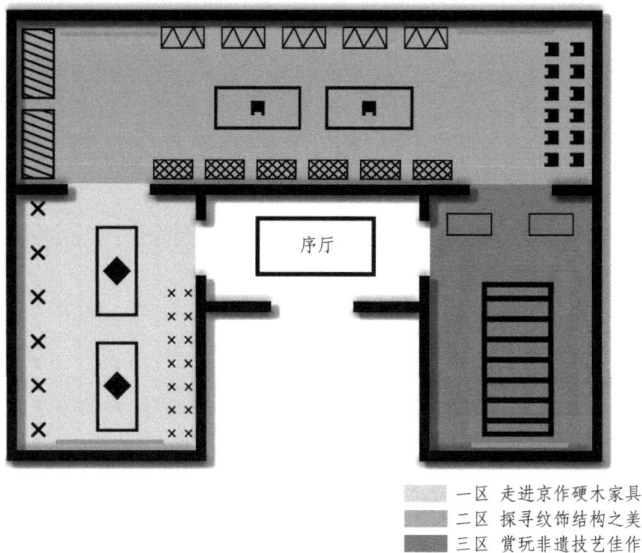

一区 走进京作硬木家具
二区 探寻纹饰结构之美
三区 赏玩非遗技艺佳作

图 4-6 场景区域划分图

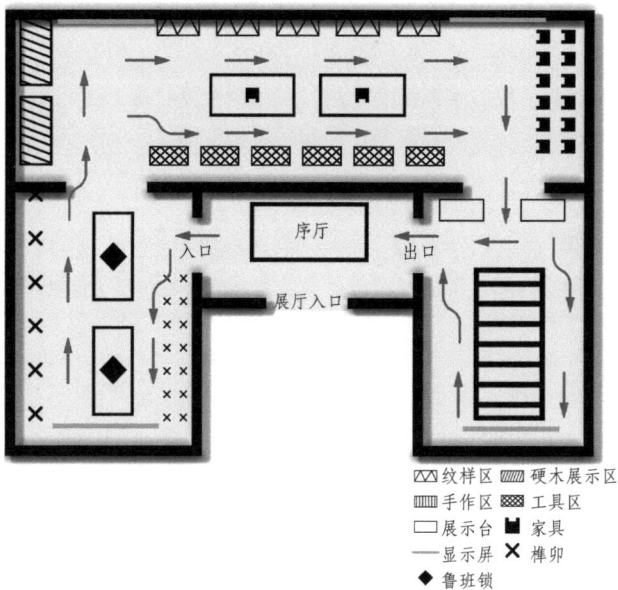

纹样区   硬木展示区
手作区   工具区
展示台   家具
显示屏   榫卯
鲁班锁

图 4-7 区域游览流线图

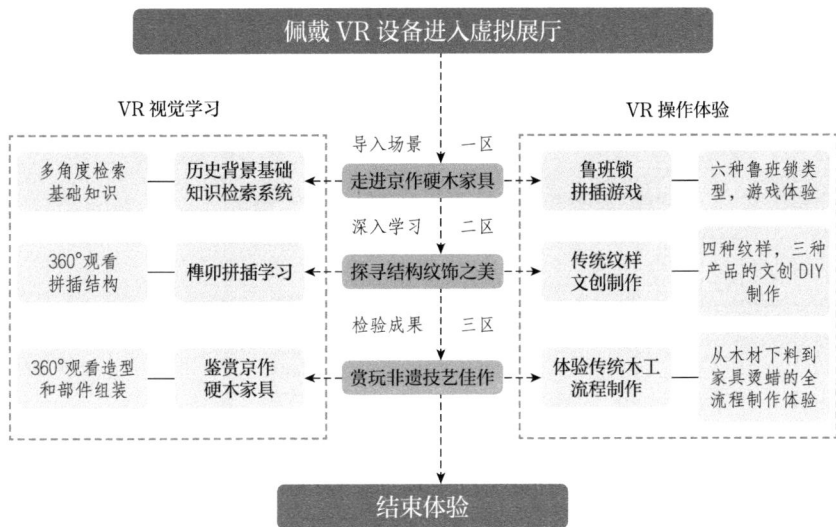

图 4-8 京作家具体验中心完整流程图和体验项目

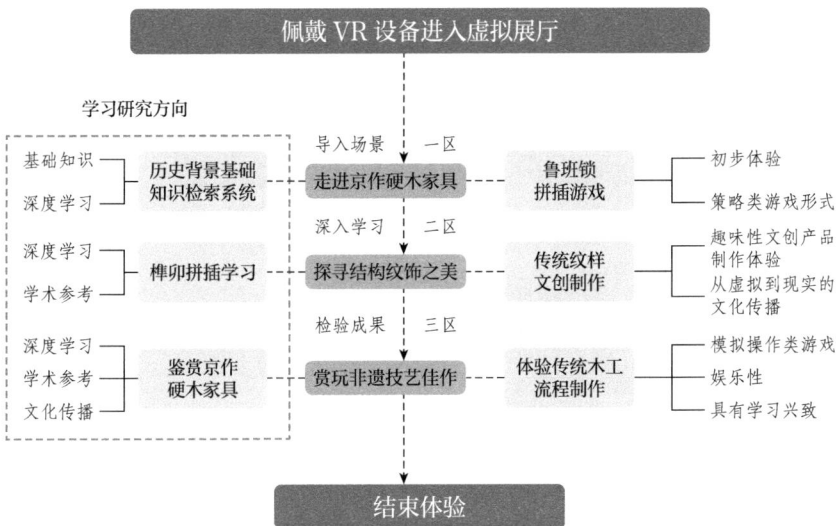

图 4-9 京作家具体验中心流程设计方向和功能性分析

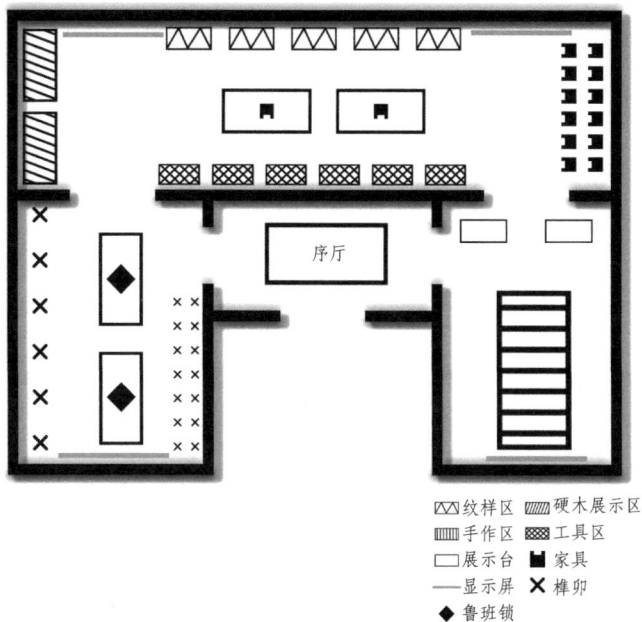

图 4-10　京作家具数字展厅的完整场景平面图

图 4-11　数字场景配色提取示意图

图 4-12　交互界面

4.3.1　走进京作硬木家具

通过序厅进入展厅（图 4-13），展厅由检索数据库、鲁班锁拆解游戏组成，通过电子屏、陈设展板（文字和图片）进行展示，该模块功能是激发体验者探索木工结构的兴趣。此区域虚拟场景的平面陈设如图 4-13 所示。图 4-14～图 4-16 为场景展示。

此模块以初步引导，促进了解为目的，通过显示屏交互检索京作家具相关文字资料，利用 VR 设备点击，上下滑动等操作，进行阅读、学习、检索体验。检索数据库包括四个部分，具体内容如图 4-17 所示。通过该部分能够了解京作家具的历史背景、家具材料、家具类型及家具榫卯结构等内容。

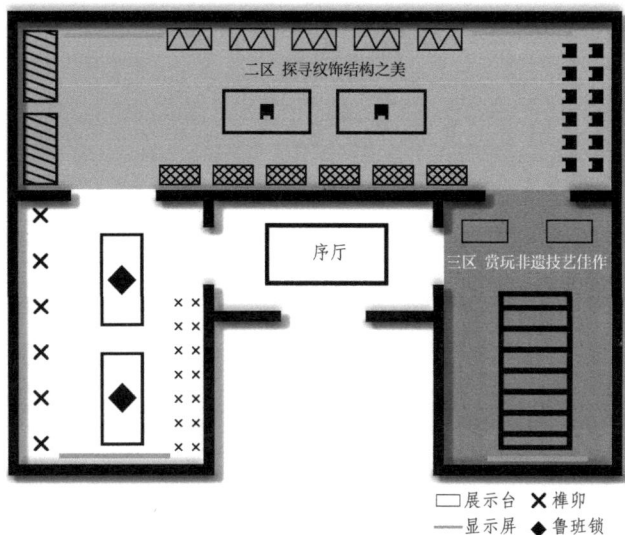

图 4-13 一区平面示意图

图 4-14 展厅入口

图 4-15　一区展厅场景

图 4-16　木材展示场景

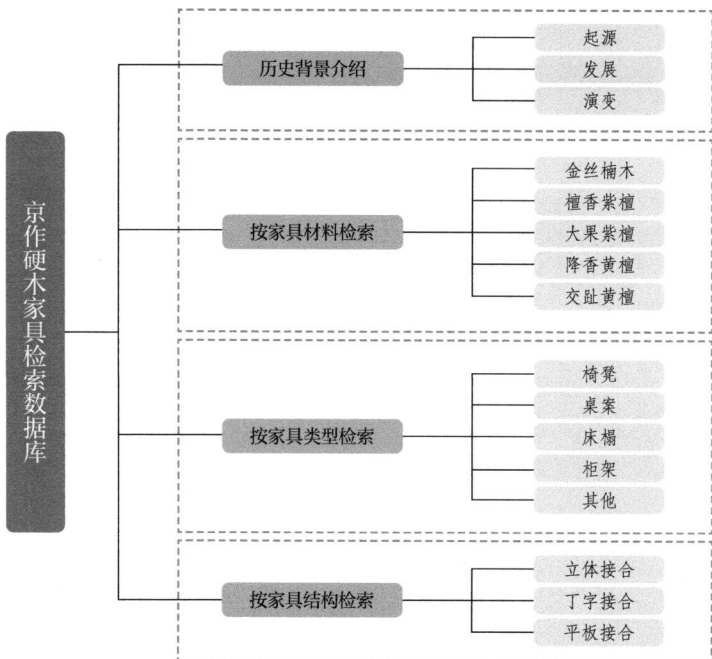

图 4-17　京作家具检索数据库内容

一区界面体验交互：鲁班锁拼插游戏。

此界面体验位于一区展厅部分，主页目录提供六种不同类型的鲁班锁，体验者可以分别进行尝试。鲁班锁模型可供360°观察（图4-18），每类鲁班锁分为初步体验模式和学习探索模式（图4-19）。在初步体验模式下，操作过程中系统将给予提示，辅助体验者操作；学习探索模式下则没有提示，全程靠体验者自行完成拼插，最后根据完成成果的使用时间进行评价和打分（图4-20）。拆装游戏体验一方面可以培养体验者的思维逻辑能力，另一方面引导可以更多人感受榫卯结构的魅力。此界面设计不仅适用于成年人探索娱乐，同时对学龄儿童也富有吸引力。

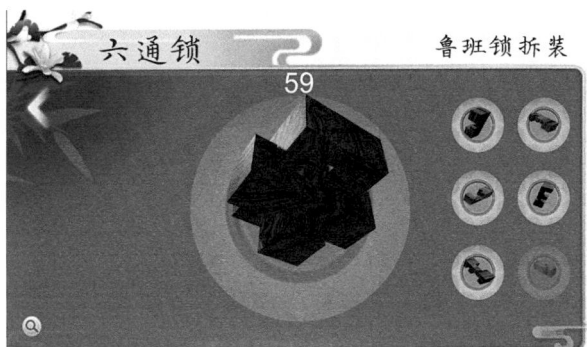

图 4-18 多角度查看示意图

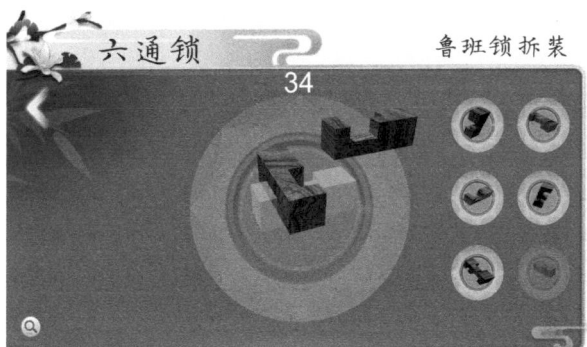

a 有提示模式

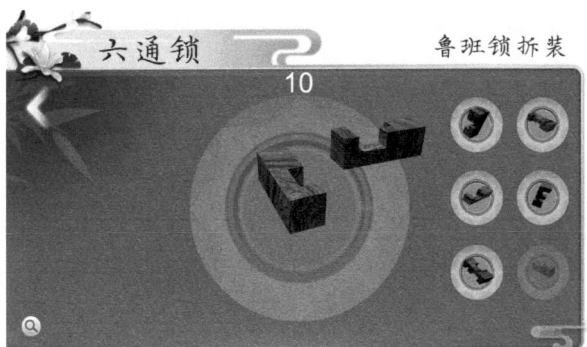

b 无提示模式

图 4-19 有提示和无提示模式示意图

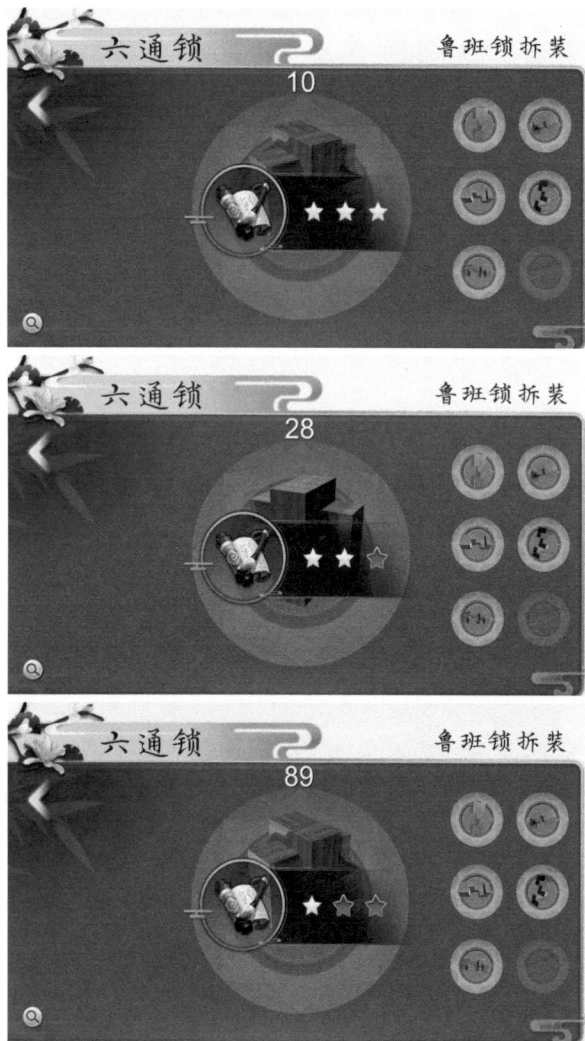

图 4-20 完成评分示意图

4.3.2 探寻结构纹饰之美

该场景由深度学习榫卯结构和鉴赏装饰纹样两部分内容组成，主要受众人群为成人、深度木工家具爱好者和相关研究学者。

此区域虚拟场景的平面陈设如图4-21所示。图4-22为该模式场景效果图。榫卯模型分类摆放于虚拟台面上，供用户选择进入交互界面进行拆装体验，并且配备电子显示屏幕进行文字介绍和展示。榫卯结构知识数据库（图4-23）根据榫卯不同形式的组合呈现出几十种榫卯组件，分别按照连接方式、适用部位进行详细分类。该场景不仅适合参观者浏览，也可以用于学术研究，方便体验者的学习和查找。

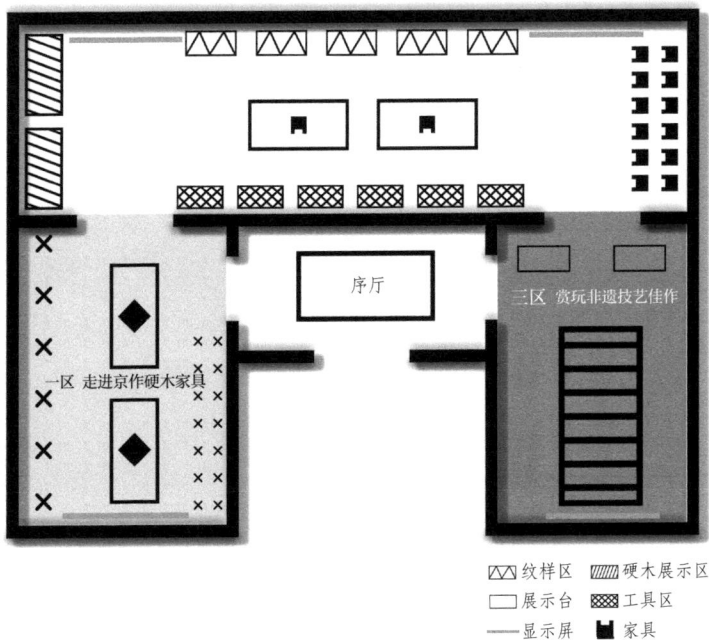

图 4-21　二区平面示意图

图 4-22　榫卯结构展示场景

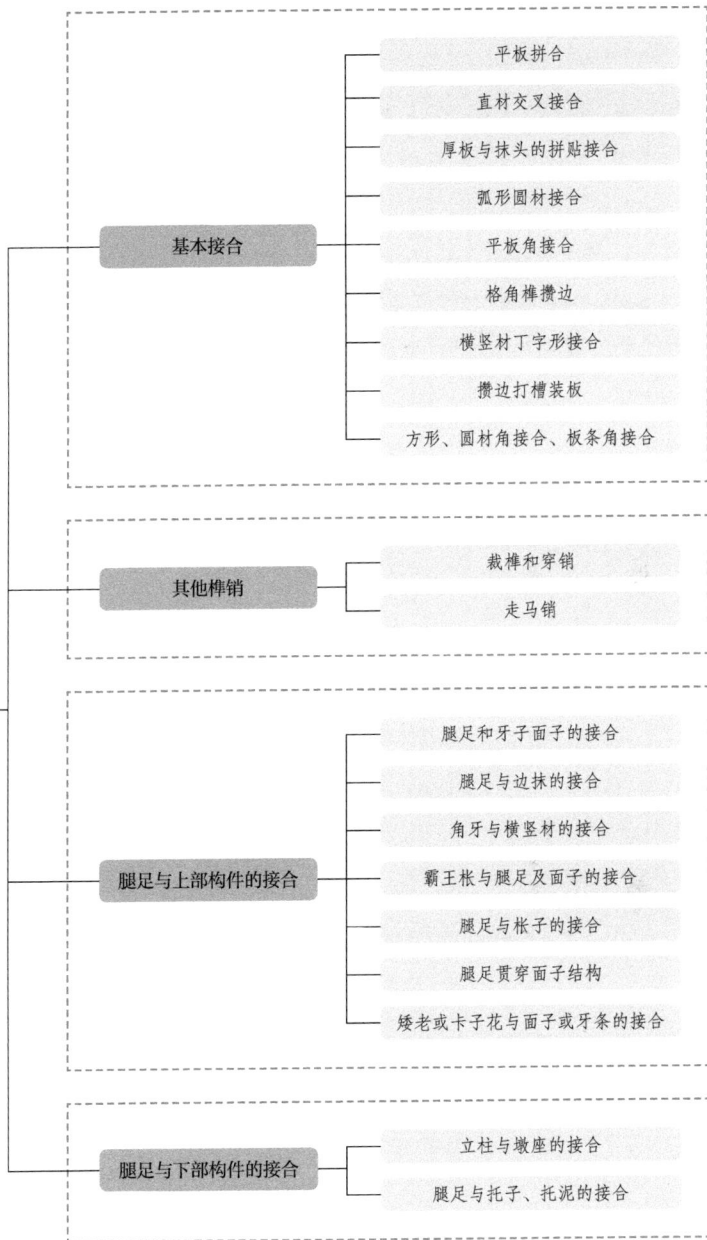

```
                                          ┌─ 平板拼合
                                          ├─ 直材交叉接合
                                          ├─ 厚板与抹头的拼贴接合
                                          ├─ 弧形圆材接合
                          基本接合 ────────┼─ 平板角接合
                                          ├─ 格角榫攒边
                                          ├─ 横竖材丁字形接合
                                          ├─ 攒边打槽装板
                                          └─ 方形、圆材角接合、板条角接合

                          其他榫销 ────────┬─ 栽榫和穿销
                                          └─ 走马销

  二区 榫卯结构知识数据库                   ┌─ 腿足和牙子面子的接合
                                          ├─ 腿足与边抹的接合
                                          ├─ 角牙与横竖材的接合
                    腿足与上部构件的接合 ──┼─ 霸王枨与腿足及面子的接合
                                          ├─ 腿足与枨子的接合
                                          ├─ 腿足贯穿面子结构
                                          └─ 矮老或卡子花与面子或牙条的接合

                    腿足与下部构件的接合 ──┬─ 立柱与墩座的接合
                                          └─ 腿足与托子、托泥的接合
```

图 4-23 榫卯结构知识数据库内容

（1）二区界面体验交互：探寻榫卯之力

榫卯结构中，一般为两个或三个部件的连接结构，呈现立体的几何形态。从书籍和网站获取的信息大多只能收集到平面照片或透视结构图，会出现不能清晰明了地查看和研究的情况。此界面基于这一问题将多种榫卯部件分别建模，展示在虚拟场景中，用户可以进入关联界面对每个部件进行拆、装，360°全方位鉴赏学习，探究其拼拆原理和受力方式，通过直观的方式快速获取详尽的资料，提高学习效率（图4-24、图4-25）。此模块利用数字媒体技术展示的优势不仅体现在文化传播上，在学术研究和传播方面也起着积极作用。

（2）二区界面体验交互：品鉴纹样之美

此模块中还包括传统纹样装饰的交互界面。学习鉴赏部分可以在场景交互装置中进行操作（图4-26）。装饰纹样学习可以通过数据库（图4-27）不同的纹样分类进行检索查看，按动物纹样、植物纹样、几何纹样等主要纹样题材分类展示，供体验者参考学习。此外，在学习过后可以体验传统纹样的文创产品制作，通过交互界面进入模块，可选择界面左侧提供的四种纹样、界面右侧的三种文创产品（手机壳、帆布袋、水杯）进行DIY创作，用户可根据自己的喜好和需求，制作自己的文创产品并订制，带回现实世界使用，操作界面和定制效果如图4-28～图4-30所示。

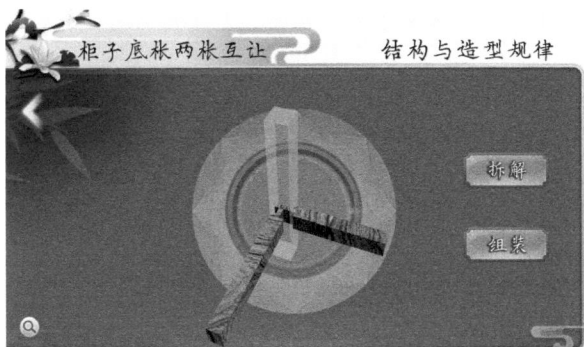

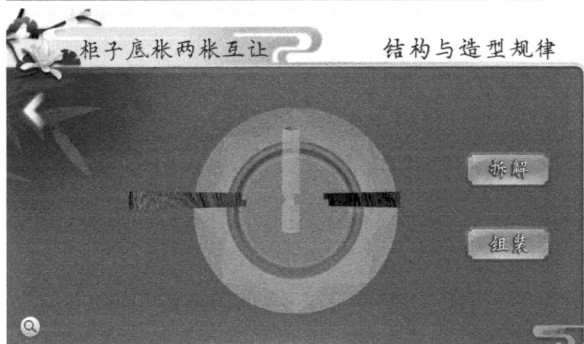

图 4-24　榫卯结构各角度拆、装展示界面

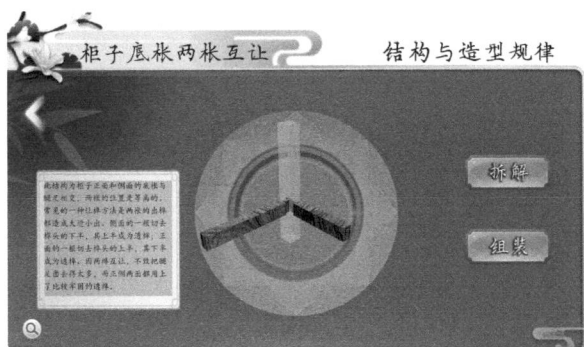

图 4-25　该结构文字讲解界面

图 4-26 装饰纹样交互部分场景

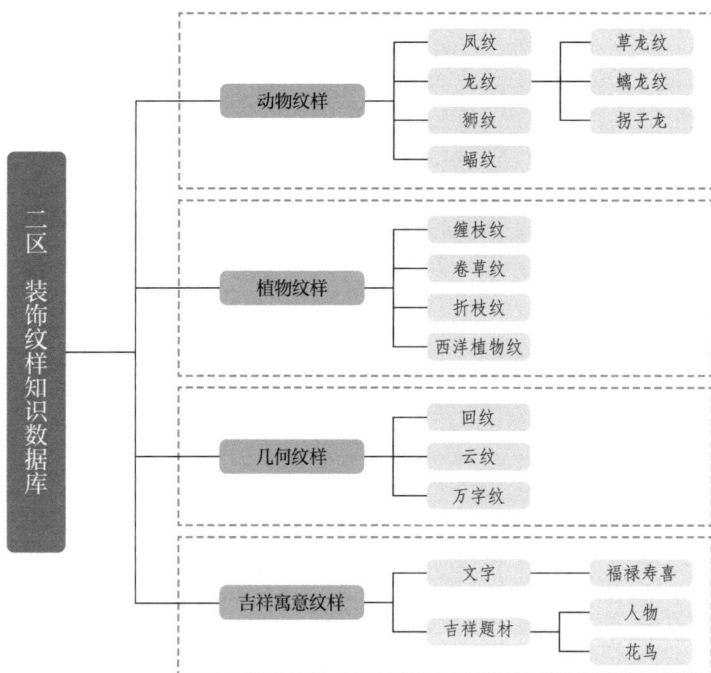

图 4-27 装饰纹样数据库内容分类

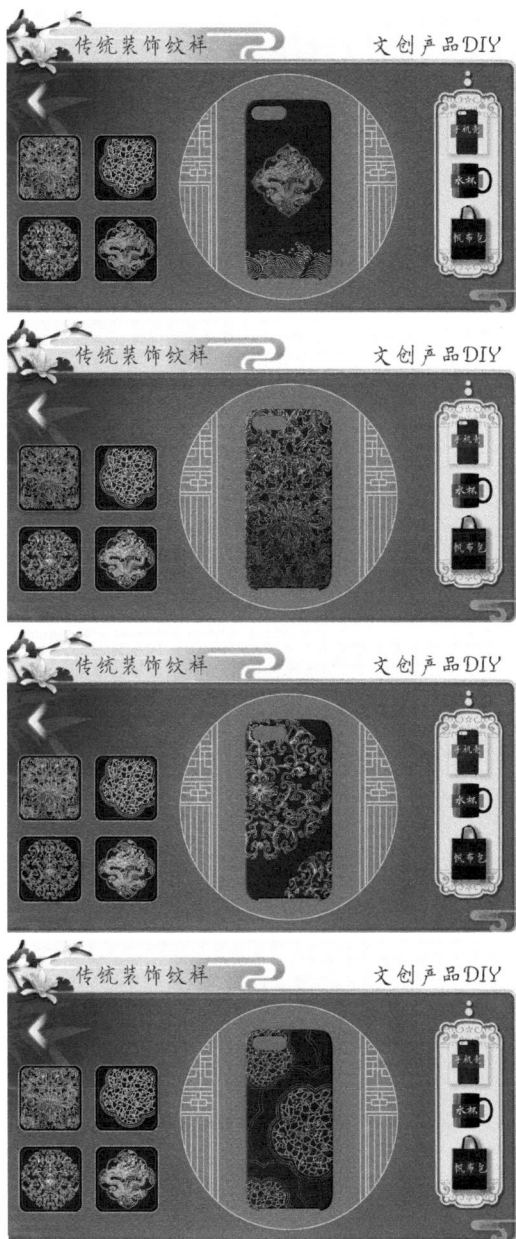

图 4-28　手机壳定制样式示意图

图 4-29　帆布包定制样式示意图

图 4-30　水杯定制样式示意图

4.3.3 赏玩非遗技艺佳作

该场景包括五十余件精美京作家具、传统木工工具展示、传统木工技艺的全流程体验。京作家具展示包括椅凳类、桌案类、床榻类、柜架类和其他类。用户通过该场景不仅可以鉴赏京作家具形式之美，还可以根据需要选中家具的三维模型，实现深度拆解，达到学习其结构和部件连接方式的目的。该虚拟场景平面图如图 4-31 所示，场景画面如图 4-32、图 4-33 所示，数据库内容如图 4-34 所示。

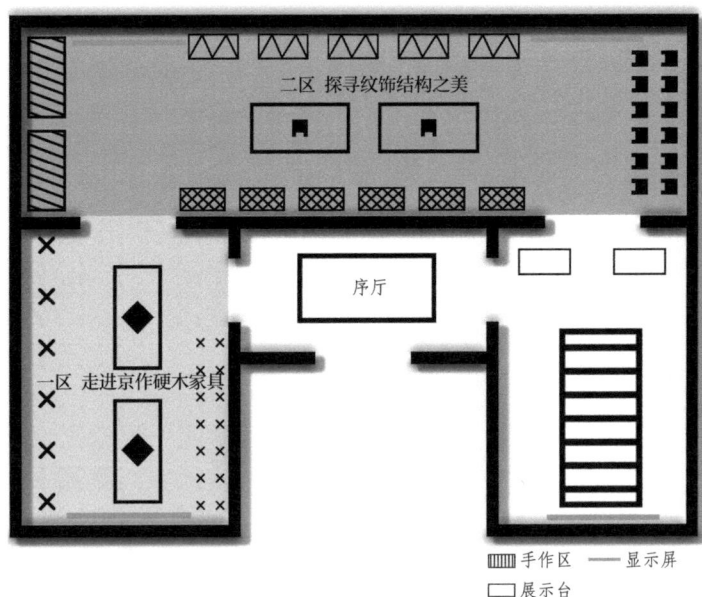

图 4-31 三区平面示意图

图 4-32　家具鉴赏区场景

图 4-33　家具结构展示场景

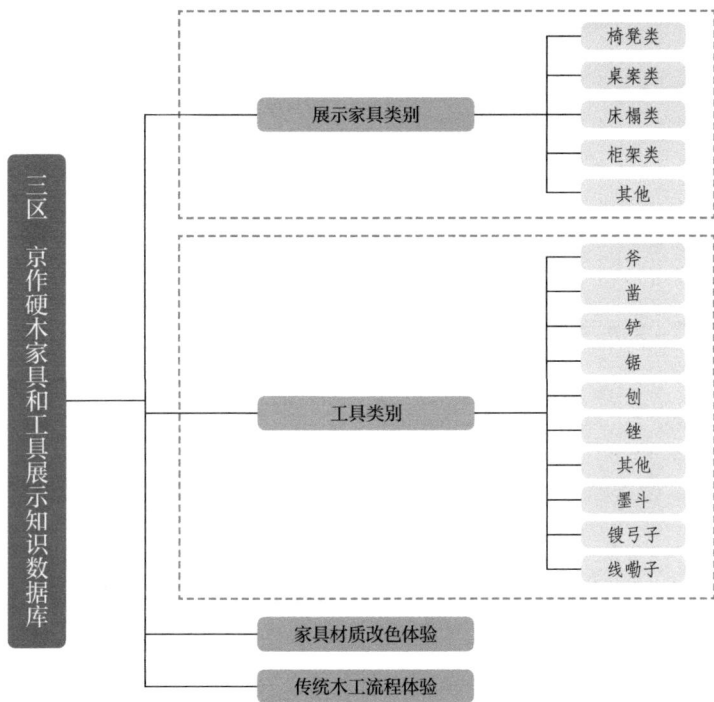

图 4-34 京作家具和工具展示区域数据库内容

　　该模块展厅一部分内容是按家具分类进行家具展示和拼插学习。另一部分内容为引领用户走进非物质文化遗产，亲自体验木工技艺。其中包括对传统木工工具的展示，如图 4-35 所示为该场景工具区画面。传统木工工具种类繁多、尺度大小不一，并且部分工具的操作具有危险性，在现实展厅中展示不具备让游客亲自拿取观察的条件。但在 VR 虚拟展厅中，可以做到零距离观察和使用，亲自拿起手锯、刨子操作观察。如今已经可以通过计算机技术，实现手柄重量的变化和碰撞的效果，使虚拟体验的木工工具的质感无限趋近于真实手感，达到完整的沉浸式体验效果。

图 4-35 传统木工工具展示区场景

此模块的核心是传统木工技艺的全流程体验，通过点击相应按钮对京作家具完成从下料到烫蜡的全流程虚拟体验，这种沉浸式操作过程会给参与者留下深刻的印象，对传播我国非物质文化遗产具有积极意义。参与者可在这个环节中，亲自完成自己的木工作品，通过体验其中的所有环节，不仅学习了传统木工技术，还可以深刻感受非物质文化遗产的魅力，使用户置身其中，如真正的工匠一般。

三区界面交互体验：传统木工技艺流程体验。

界面将紫檀有束腰带托泥圈椅拆解为三个部分，上部（椅圈）、中部（座面）、下部（腿足）。将三部分分别进行从下料—净料—划线—打眼开榫—雕刻—试装—打磨—烫蜡的全流程制作，最后完成体验者亲自制作的精美京作家具作品。如图 4-36～图 4-38 所示为三个部分的木工体验流程操作界面，右上角有正在操作部件所在位置的加亮提示，下方是流程工具的选择部分，同时有加工步骤或工序的音效配合，使体验过程更加完整沉浸。

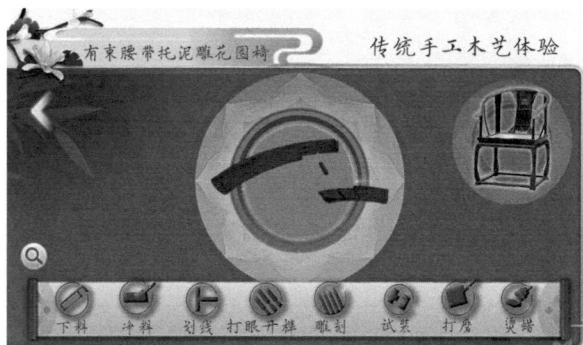

图 4-36 完成椅圈部件

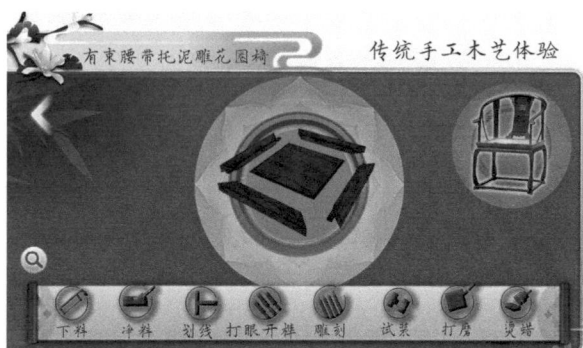

图 4-37 完成座面部件

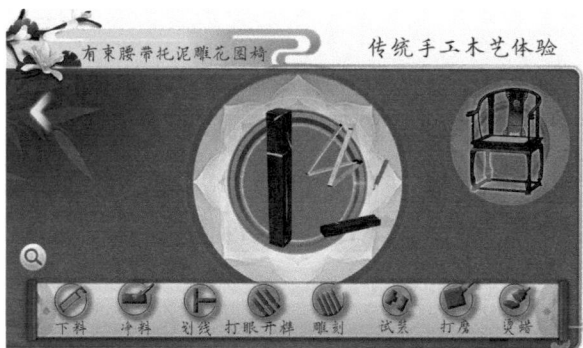

a 椅腿加工过程

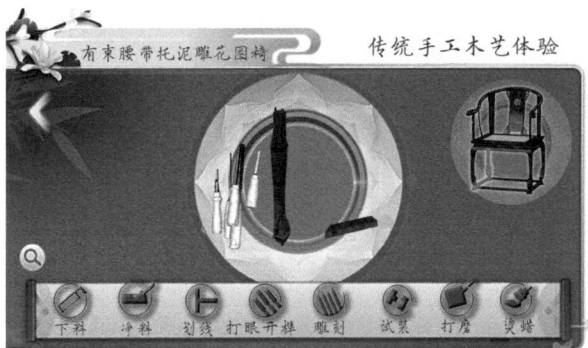

b 完成椅腿加工

图 4-38 打眼开榫前后的椅腿部件

当分别完成圈椅三个部分部件后，下一步为整体试装，图 4-39 是整体试装后界面。烫蜡是圈椅制作的最后一个环节，图 4-40 是烫蜡步骤。完成后可通过点击左下角放大镜图标查看圈椅介绍，如图 4-41 所示。体验过程中，每一个步骤在使用工具时下方会提示工具名称（图 4-42）。

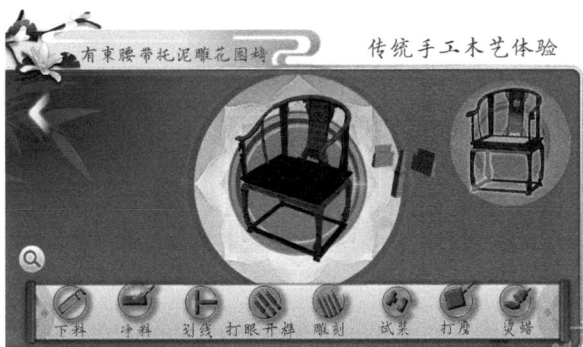

图 4-39 完成试装步骤的圈椅

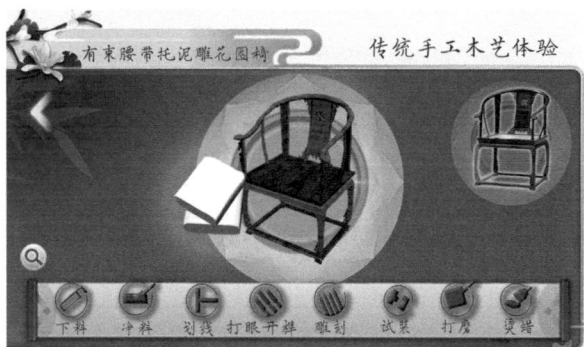

a 烫蜡步骤前

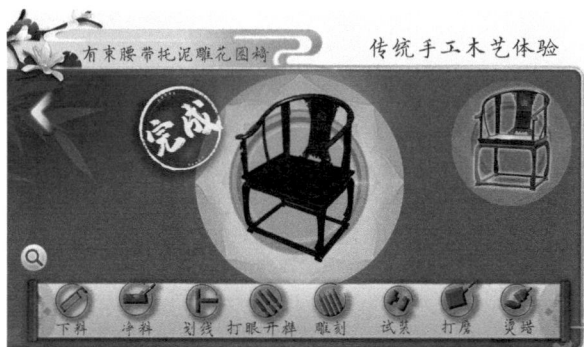

b 烫蜡步骤后

图 4-40　使用烫蜡工具进行烫蜡步骤的家具

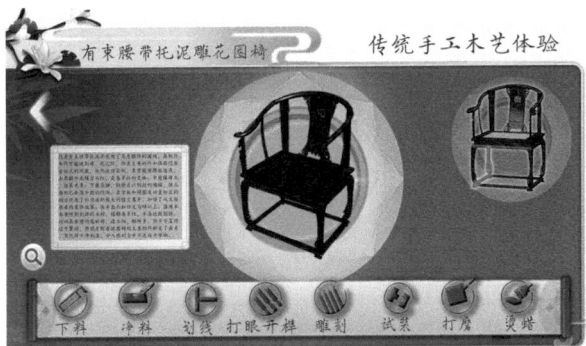

图 4-41　右下方展示家具文字介绍

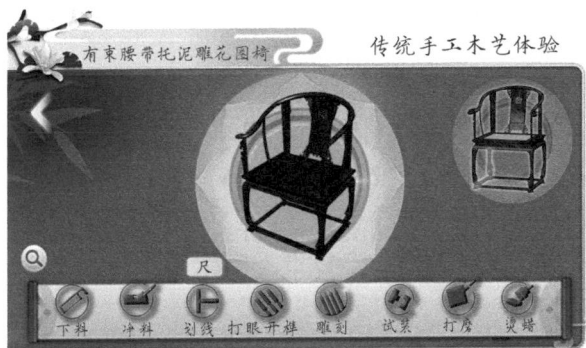

图 4-42　下方工具栏显示所用工具名称

4.4 技术支持

本章京作家具数字体验展厅运行环境为 Unity2020，编程语言为 c#。所使用的 VR 交互设备为 HTC VIVE。为了完成 VR 数字体验馆的技术实现，需先行在 Unity 环境中搭建平台，方便后续接入 VR 设备的接口。

在虚拟数字体验馆搭建中，所使用的模型数据全部为在 3dsmax 以及 Sketch up 中制作并导出的 fbx 文件。为了方便用户游览场景的同时体验京作家具的独特魅力，把数字体验馆分为三个模块：走进京作硬木家具模块、探寻结构纹饰之美模块以及赏玩非遗技艺佳作模块。

首先在走进京作家具模块主要设置了游览以及鲁班锁拆装体验，在场景中设置了第一人称控制器，将摄像头与cube进行绑定，并设置了走路的声效，确保玩家可以具有更加真实的体验。在鲁班锁拆装体验环节把完整的鲁班锁模型与世界坐标系进行绑定，获取每个模型的 vector 向量并为每个需要拼装的组件设立 tag。在 UI 设计时把拖动出来的模型组件与手柄位置实时绑定实现从 UI 界面拖动出模型组件的设计。

其次在探寻结构纹饰之美模块使用了 Unity 的 Animator 动画控制器组件，主要展示了大量组件的拼接过程，其原理是使用状态机设定组件的位置、速度等状态信息。

最终完成了体验馆的核心模块：赏玩非遗技艺佳作模块。该模块以让用户切身体会到京作家具制作的全流程为核心理念而设计，把有束腰带托泥雕花圈椅分为三大块制作部分，每一部分初始均为一块模板，所涉及的技术有合并模型、动态变换等。对每个模型添加 MeshRender 组件并设置 tag，在手柄碰触到模型时该模型被后面的模型替代。由于模型较多，使用 Simplify mesh 即可。UI 界面中拖动工具与第一个模块技术构成类似。至此三个模块构建完成。

第 5 章

京作家具
小程序设计

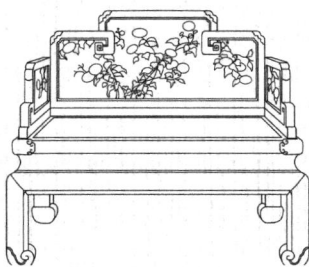

微信小程序是由腾讯公司在 2017 年推出的基于微信平台开发应用的新技术。相较于传统 APP，小程序不需要安装和卸载，用户可以快捷获取程序，简单的操作流程缩短了人们获取信息途径的时间。因微信小程序没有粉丝概念无须订阅，使用户免于受到来自 APP 的广告和推送信息的干扰[45]。小程序具有"触手可及""用完即走""无须订阅"的特点。

此外，微信平台在官网提供了开发者工具和一些开发的教学视频，开发者可根据自己的需求进行程序搭建，同时微信小程序支持企业、政府、媒体以及个人的注册。其优势为资金投入较少、开发难度较小。

与京作家具相关的小程序，主要以北京市龙顺成中式家具有限公司在 2022 年 4 月 18 日注册的北京龙顺成京作非遗博物馆为代表。京作家具小程序——北京龙顺成京作非遗博物馆主要是与线下博物馆搭配使用，小程序首页会发布博物馆近期展览信息；云展览功能使用户在手机端即可轻松线上观展，打破地域限制，为异地感兴趣的用户提供学习参观的机会；鲁班学堂针对学生用户开展线下木工体验课程，用户可以线上预约报名。

小程序的整体设计风格融入了丰富的文化元素，首页页面以中国古建筑和中国红为背景。在线上观展和鲁班学堂页面中以卡片式列表来呈现内容，使用户能够清晰地获取近期活动信息（图 5-1）。

图 5-1　京作家具小程序——北京龙顺成京作非遗博物馆界面

5.1 京作家具小程序构思与搭建

基于微信小程序的开发，为京作家具的传播搭建了一个崭新的平台，对继承和弘扬京作家具优秀传统文化起到了积极作用。

设计这款小程序时，充分考虑了用户的使用体验。首先，界面设计简洁大方，易于操作。用户可以通过首页的导航栏，快速找到自己感兴趣的内容。其次，精选了大量的京作家具图片、动画和漫游，让用户通过视觉和听觉来感受京作家具的魅力。此外，还设置了共享界面，用户可以通过分享参与到京作家具的讨论和传播中来。

除了基本的信息展示，小程序设置的"鲁班锁游戏""探寻榫卯之力""品鉴纹样之美""拆解京作家具""体验木工流程"环节，让用户了解到京作家具的设计及结构等深层次的内容。小程序的设计使得用户更好地理解和欣赏京作家具，也让用户可以从中学到一些家具制作的知识和技巧。

在京作家具小程序搭建时，结合前期工作尤其是第四章的虚拟展厅设计，以及市面上不同传统家具 APP 展示的内容，对小程序进行整体规划，突出人们在使用小程序时的习惯和感受，将京作家具与现代设计相结合，展示京作家具艺术特色。

小程序初期要考虑完善资料整理以及纹样提取，注意京作家具的收集、分析及展示。

（1）小程序致力于科普京作文化和展示京作家具，为普通用户提供京作知识，为设计师用户提供灵感参考。通过对搜集到的文献和书籍资料进行研究，并结合博物馆的实地调研，分析总结了京作家具的发展历史以及艺术特色，为小程序科普京作文化提供了理论基础和内容支撑。

（2）京作家具的提取分析。传统家具纹样相较于织物、瓷器等物品上的平面纹样更加不易提取，是因为家具纹样的制作工艺中常会应用浮雕、圆雕、透雕等技艺，其纹样不拘泥于二维平面而是三维立体的，这无疑加大了纹样提取的难度。传统家具纹样留下来的更多是照片或者是当时工匠的设计制图，后来因数据库技术的发展，国内有多位学者对留存下来的古家具进行纹样绘制，形成纹样数据库。但由于软件技术的限制以及研究时间较早的问题，可能会导致纹样数据在现代数字技术上存在质量较低或无法使用的问题，这不利于纹样在现代背景下的传播和创新。所以对于家具纹样数据应结合新的技术手段进行数据更新或者重新提取，如通过Adobe illustrator 软件绘制纹样矢量图（矢量图由软件生成，最大优点是不受分辨率影响，可任意放大或缩小而不影响图片清晰度），便于利用纹样进行创新设计。还可运用 3D 扫描技术对传统家具进行整体扫描构建立体模型。如手持 3D 扫描仪可以较为精细地将物体扫描进电脑形成模型，但操作较麻烦且资金投入较高。软件 Realityscan 支持苹果和安卓系统手机对物品进行 3D 扫描形成模型，操作更加简单快捷。

（3）京作家具展示分析。例如纹样在传统家具的应用中除了装饰功能以外还兼具加固结构的实用功能。工匠会对不同的家具部位施加装饰。黄花梨透雕梅花纹方桌中为加强桌腿与桌面的牢固性增加了罗锅枨这一结构，工匠在设计中为打造家具整体浑然天成的效果，在罗锅枨两端雕刻梅花纹样仿若从桌腿连接处自然生长出来一般，将艺术性与实用性相融合（图5-2）。所以在纹样的展示方面不应只局限于纹样自身的艺术特点，也应注意其功能特点和装饰部

图 5-2　明黄花梨透雕梅花纹方桌

位。上述中提到的 3D 扫描方法可以将纹样与家具构件共同扫描建立装饰构件模型，帮助用户更好地理解纹样所饰位置和感受纹样的实用之美。

此外，传统家具装饰除了应用百宝嵌、珐琅技艺的家具色彩较为丰富以外，大部分装饰纹样仍以材质的原色为主。在材质选择上，传统家具主要选取木材、石材、竹材等天然材料，对于工匠而言，这些材质中的天然纹理已经具有了装饰的意义。清代红木嵌大理石太师椅的椅背上运用了大理石，石材天然的纹理看起来仿佛一幅中国山水画，这种设计可视为一种写意的装饰手法（图 5-3）。3D 扫描时可以将家具原有材质贴图到模型上，尽可能地保留家具的原有艺术效果。

图 5-3　黄花梨镶大理石插屏式座屏风

5.2 京作家具小程序界面设计

5.2.1 京作家具小程序的数据来源

京作家具素材的样本主要来源有两部分，一部分是笔者实地到北京故宫南大库家具馆、北京龙顺成京作非遗博物馆等地方拍摄的家具素材，另一部分是从书籍文献中收集的相关家具样本。从收集的图片样本中选取了数件家具，并通过 Adobe Photoshop、Adobe illustrator 等专业软件对家具图片进行纹样矢量图绘制，形成多个家具信息卡应用到小程序中，此外笔者还尝试使用 3D 软件 Realityscan，对部分家具装饰构件进行扫描形成立体模型，放到小程序中进行展示，以便于用户可以较为全面地了解京作家具文化。设计师用户可以在小程序中下载矢量图片进行创新设计，同时也可将设计的纹样作品分享到小程序当中来，以推动纹样创新与交流。

5.2.2 界面尺寸和规范性文件

（1）界面尺寸和网格规范

安卓系统是 2008 年谷歌公司推出的开放性平台，其系统凭借开放、灵活和丰富的应用生态，成为众多手机厂商使用的手机操作系统。安卓系统专用长度单位为 dp，专用字体单位为 sp，由于安卓手机分辨率有很多种，京作家具小程序界面设计中选择了 xxhdpi（全面屏）1080px×2160px@3x（1dp=3px）作为界面尺寸，物理分辨率为1080px×2160px，状态栏高度为72px，顶部应用栏高度为168px，底部导航栏高度为168px（图5-4）。

（2）文字规范

文字设置是小程序界面设计中重要的组成部分，通过字体、字号、字重的变化可使用户清晰地了解内容的层级关系。字体的合理选择及统一会增强小程序整体页面的美观性，字号和字重的合理搭配可以提升文本内容的可读性，尤其在需要强调重要信息时，适当的增加字号和字重，可以帮助用户快速捕捉关键信息。京作家具小程序界面字体设计规范如图5-5所示，中文标题选择免商字体

图5-4 安卓界面设计规范

中文字体：思源黑体
English fonts: HarmonyOS Szns SC

字号	字重	层级	场景
18sp	中等	主标题	顶部应用栏
16sp	中等	一级标题	页面一级标题
14sp	常规	二级标题	页面二级标题、按钮
12sp	常规	三级标题	页面三级标题、正文
8sp	常规	辅助性文字	辅助性文字

图 5-5　京作纹样小程序界面字体规范

思源黑体，正文和英文标题选择华为免商字体 HarmonyOS Szns SC。对于字号和字重的变化，根据文本内容的层级关系进行细致划分，分为主标题、一级标题、二级标题及按钮、三级标题及正文、辅助性文字这五个文字层级。主标题字号为 18sp，一级标题字号为 16sp，二级标题为 14sp，正文字号选择 12sp，辅助性文字字号为 8sp。对于不同层级字号进行间隔一号选择，进而增加文字的区分性。

（3）色彩规范

色彩搭配对于小程序最终的视觉效果起决定性作用，能够直接影响用户的观感和对小程序的满意程度。同时色彩规范可以帮助设计师在界面设计中保持风格的一致，避免用户在切换小程序页面时有不协调的感觉。合理的色彩规范有助于文本内容的展示，可以提高用户的阅读舒适度进而减少视觉疲劳。笔者选择的京作家具小程序界面设计的色彩规范如图 5-6 所示，小程序主体色调为白色 RGB255-255-255 为主，黑灰色作为框架 RGB56-56-56，简

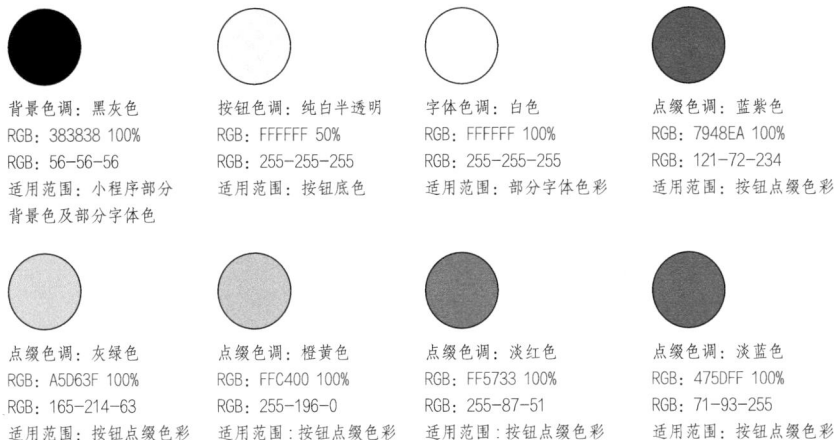

背景色调：黑灰色
RGB：383838 100%
RGB：56-56-56
适用范围：小程序部分
背景色及部分字体色

按钮色调：纯白半透明
RGB：FFFFFF 50%
RGB：255-255-255
适用范围：按钮底色

字体色调：白色
RGB：FFFFFF 100%
RGB：255-255-255
适用范围：部分字体色彩

点缀色调：蓝紫色
RGB：7948EA 100%
RGB：121-72-234
适用范围：按钮点缀色彩

点缀色调：灰绿色
RGB：A5D63F 100%
RGB：165-214-63
适用范围：按钮点缀色彩

点缀色调：橙黄色
RGB：FFC400 100%
RGB：255-196-0
适用范围：按钮点缀色彩

点缀色调：淡红色
RGB：FF5733 100%
RGB：255-87-51
适用范围：按钮点缀色彩

点缀色调：淡蓝色
RGB：475DFF 100%
RGB：71-93-255
适用范围：按钮点缀色彩

图 5-6 京作家具小程序界面色彩规范

洁利落。按钮色彩选择比较跳跃的蓝紫色、灰绿色、橙黄色、淡红色、淡蓝色。字体色彩选择棕褐色 RGB74-37-0。

5.2.3 信息架构和交互原型设计

通过搭建信息框架图明确界面的优先等级，根据核心功能先划分出一级界面，然后逐步拓展其他功能划分出二级界面（图 5-7）。

交互原型图是对小程序各个界面功能布置以及各页面之间交互关系的说明，是设计师对于小程序设计方案的整体布局展示。在进行小程序交互设计时，首先考虑用户可否尽快适应这一程序，优化小程序的操作性，其次考虑页面内容展示是否清晰明确，对信息展示层级进行规范化，最后对于页面展示风格进行统一。根据上述的京作家具小程序的信息架构图，笔者使用国产软件即时设计完成京作家具小程序界面的交互原型图（图 5-8）。

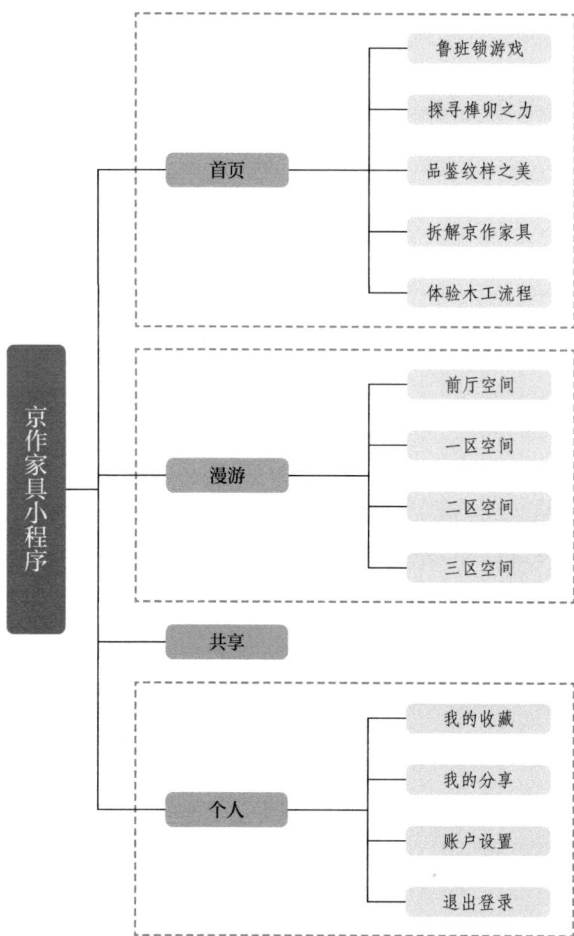

图 5-7 京作家具小程序信息构架图

5.2.4　视觉界面设计

（1）登录界面

登录界面由主体文字"京作家具"和背景图组成，突出主体内容（图5-9）。

（2）首页

首页页面分为五个部分，分别是鲁班锁游戏、探寻榫卯之力、品鉴纹样之美、拆解京作家具和体验木工流程（图5-10），其目的是循序渐进地帮助用户可以较为全面地了解京作家具相关内容，对京作家具形成初步认识，激发用户的兴趣。

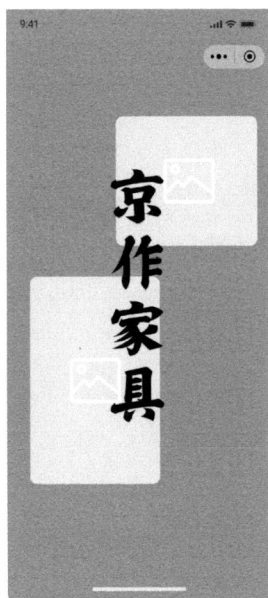

图 5-9　登录页面　　　　图 5-10　首页

①鲁班锁游戏（图5-11），通过鲁班锁游戏由浅入深了解榫卯结构的特点。该部分提供六通锁、笼中取物等六个鲁班锁游戏，可通过返回二级界面进行选择。该游戏既可按照引导一步步进行组装，也可根据自己的实力选择独自装配。

②探寻榫卯之力（图5-12），选取在家具结构中最具代表性的九类榫卯，进行动画拆解。这个是在鲁班锁的基础上进一步贴合京作家具的榫卯结构，将基本的结构拆解练习，为后面拆解京作家具做一个很好的铺垫。

③品鉴纹样之美（图5-13），包含了纹样分类、构成形式、所饰位置、纹样搜索。纹样分类部分按照京作纹样题材和寓意分为动物纹、植物纹、几何纹和吉祥纹样四个模块；构成形式部分分为单独纹样、适合纹样、连续纹样三模块；所饰位置包括家具主体和配件；纹样搜索部分满足用户通过关键词进行纹样检索，获取所需信息。该部分向用户详细介绍纹样的构成元素、构成形式、文化寓意、所饰家具位置等内容，有助于用户更好地理解相关知识。

该部分还包含文创设计内容，通过页面下部按钮可选择设计模板，在选定的模板中选择颜色、图案（植物、动物、吉祥纹样、云纹、水纹等），设计爱好者就完成了自己喜爱的图案。用户可根据自己的需求一键生成文创产品（图5-14）。

④拆解京作家具（图5-15～图5-17），选取柜架、椅凳、桌案等常见的家具，进行拆解，将家具结构表达得非常清晰。用户根据自己的喜好选取家具类别，进入家具页面后可先选择爆炸图，整体了解家具各个部分结构特点、连接方式，而后可进一步细致拆解、安装。

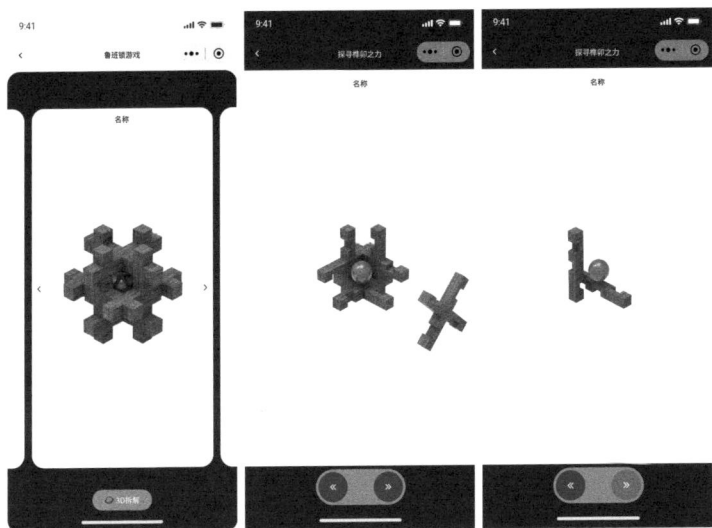

图 5-11 鲁班锁游戏

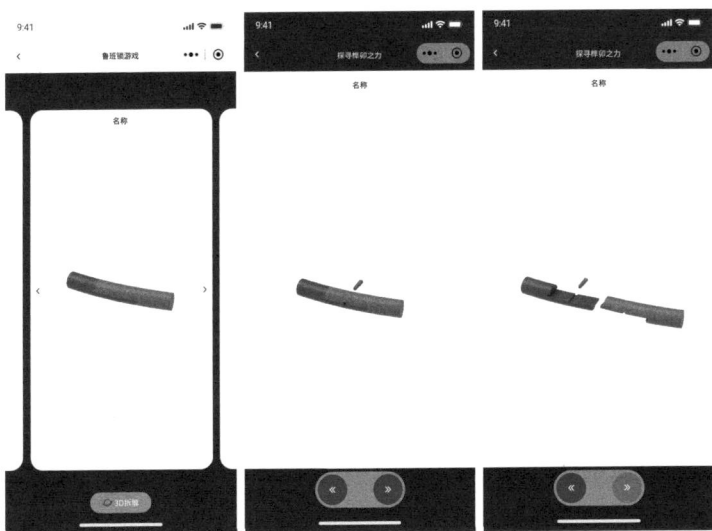

图 5-12 探寻榫卯之力

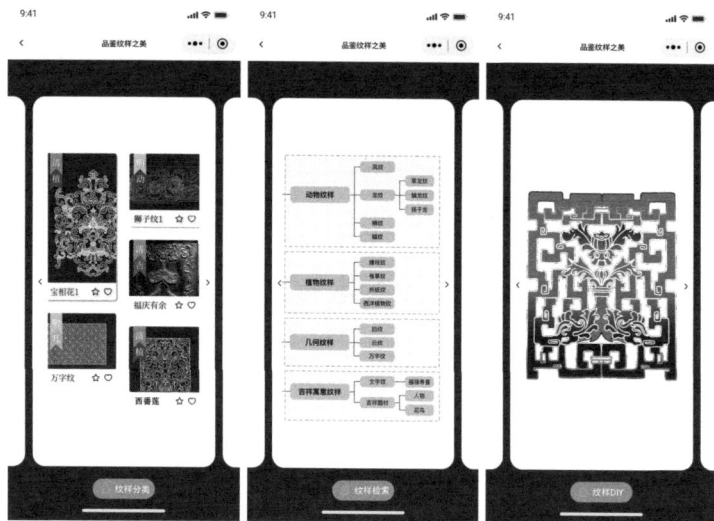

图 5-13　品鉴纹样之美

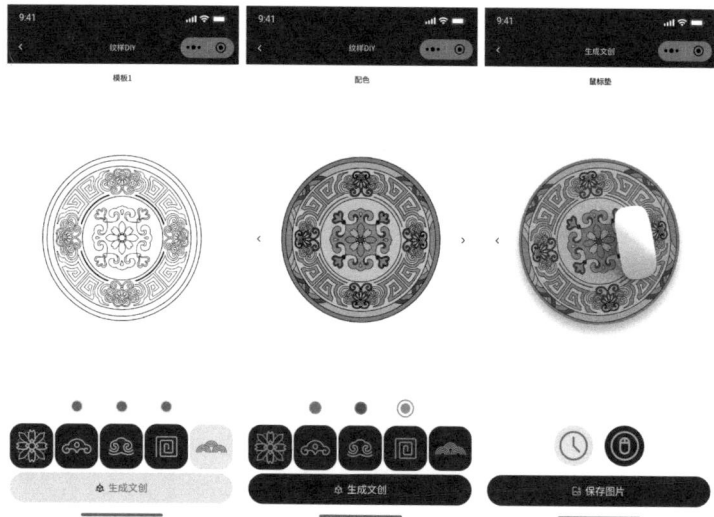

图 5-14　文创设计

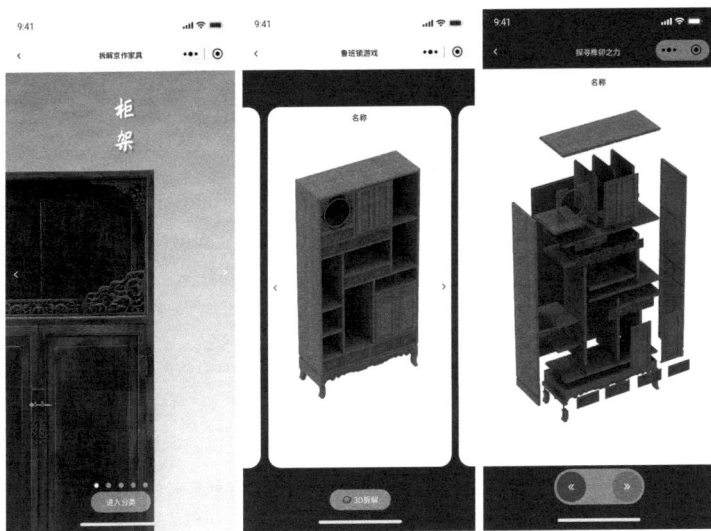

图 5-15　拆解京作家具——柜架

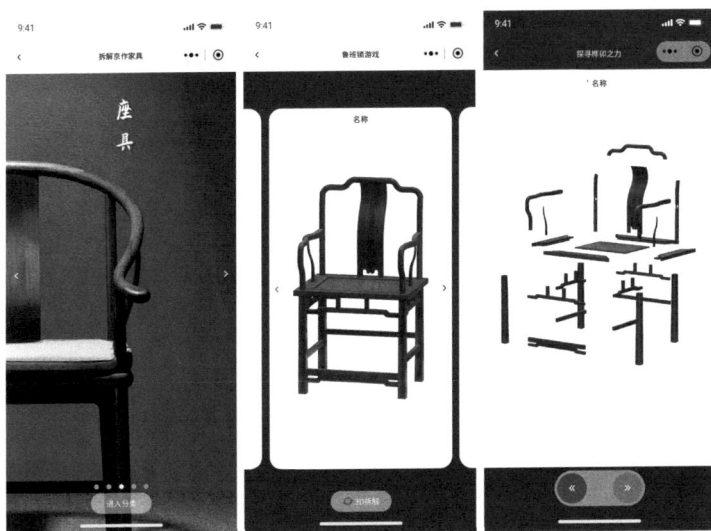

图 5-16　拆解京作家具——椅凳

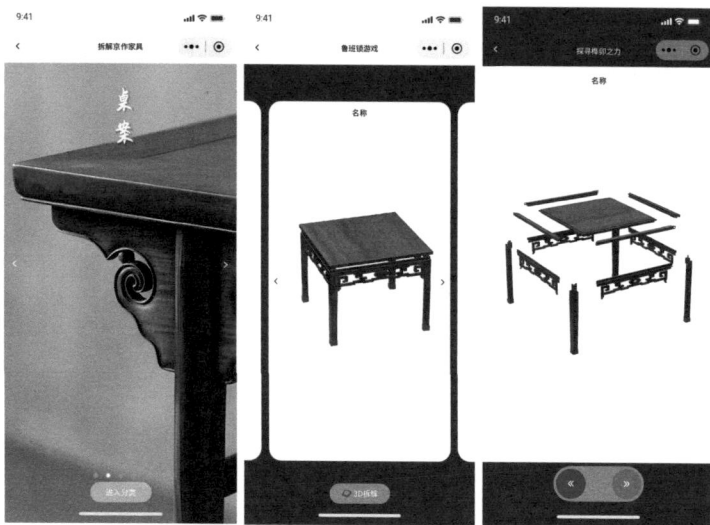

图 5-17　拆解京作家具——桌案

⑤体验木工流程（图 5-18），通过木工工具进行零件上加工，让用户理解木构件的加工工序和方法。传统木工工具种类繁多、尺度大小不一，并且部分工具的操作具有危险性，在小程序中可以做到零距离观察锯、刨子、凿等工具的操作。通过滑动进度条可利用木工工具按步骤完成京作家具的制作。

京作家具技艺通过上述方式得以实景再现。对京作家具文化的保护是对工艺流程，技艺展示，工作场景的保护。京作文化的传承创新只有将科学和文化相结合，技术与艺术相结合，通过信息技术、数字技术、艺术手段并用，才能最大限度地使京作家具文化得以保护、开发、传承与创新。

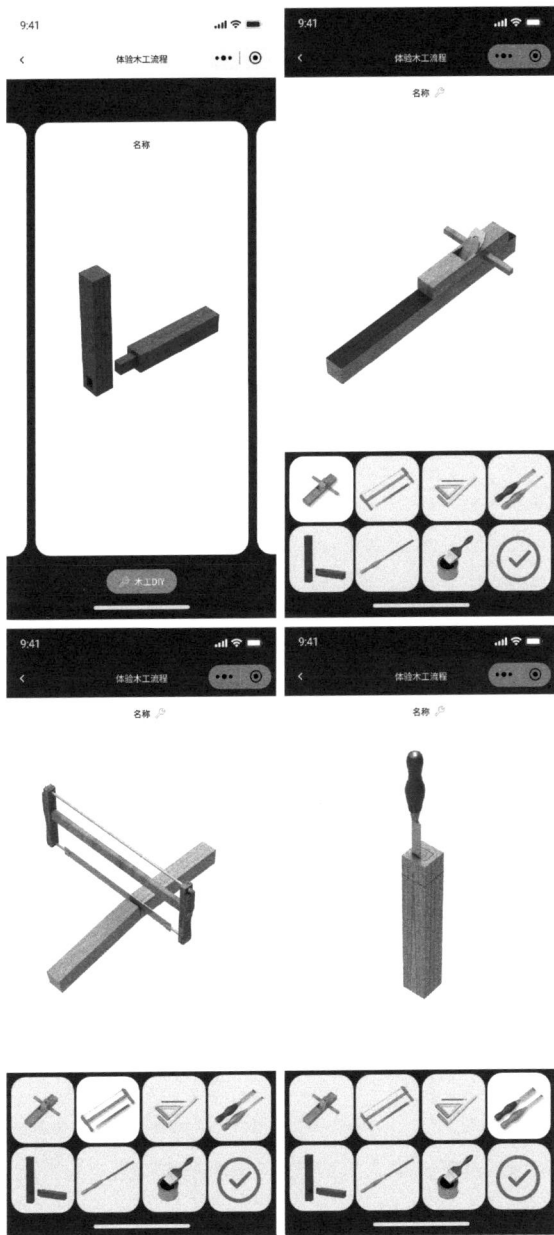

图 5-18　体验木工流程

（3）漫游

360°虚拟浏览广泛应用于虚拟博物馆展品展示和电子商务平台商品展示，是一种最接近于实物的展示方式，达到使用者与展示品最好的沟通和交流的效果。360°虚拟展示能清楚地看到展品各个角度的形态以及各部分的细节，用户可以随意地进行360°旋转观察展品的细节。

360°虚拟浏览的交互技术手段在"京作家具"小程序界面恰当地应用，让用户从各个角度全方位地了解京作家具的特征，激发浏览者主动了解京作家具文化的兴趣，增加京作家具内容局部放大浏览的功能，使用户浏览作品时可对局部进行放大研究。图5-19～图5-23分别展示了漫游登录首页、序厅导航及漫游页面、一区导航及漫游页面、二区导航及漫游页面及三区导航及漫游页面。

在结构方面，数字展厅重点介绍了京作家具独特的榫卯结构，这种结构既保证了家具的稳定性，又展现了我国传统木工工艺的高超技艺。在装饰方面，展厅展示了京作家具的精美雕饰，如龙、凤、花卉、山水等图案，这些装饰富有寓意，展现了宫廷审美趣味。同时，展厅还介绍了用于制作京作家具的各种传统工具，以及工匠们精湛的制作技艺。

京作家具数字展厅不仅是一个展示平台，还具有互动性。通过数字技术，用户可以与传统家具进行亲密接触，感受其质感和细节。此外，展厅还设置了线上教学模块，观众可以学习制作京作家具的技艺，亲自体验传统木工艺的魅力。

（4）共享

该页面是为有创新想法的用户提供展示交流的功能，当下已经有越来越多人加入到非遗保护和创新的潮流中，用户需要一个可以展示和交流的功能区域，这对于京作家具文化传播和创新起到了更广泛而生动的推动作用。

图 5-19　漫游登录首页

图 5-20　序厅导航及漫游页面

图 5-21　一区空间导航及漫游页面

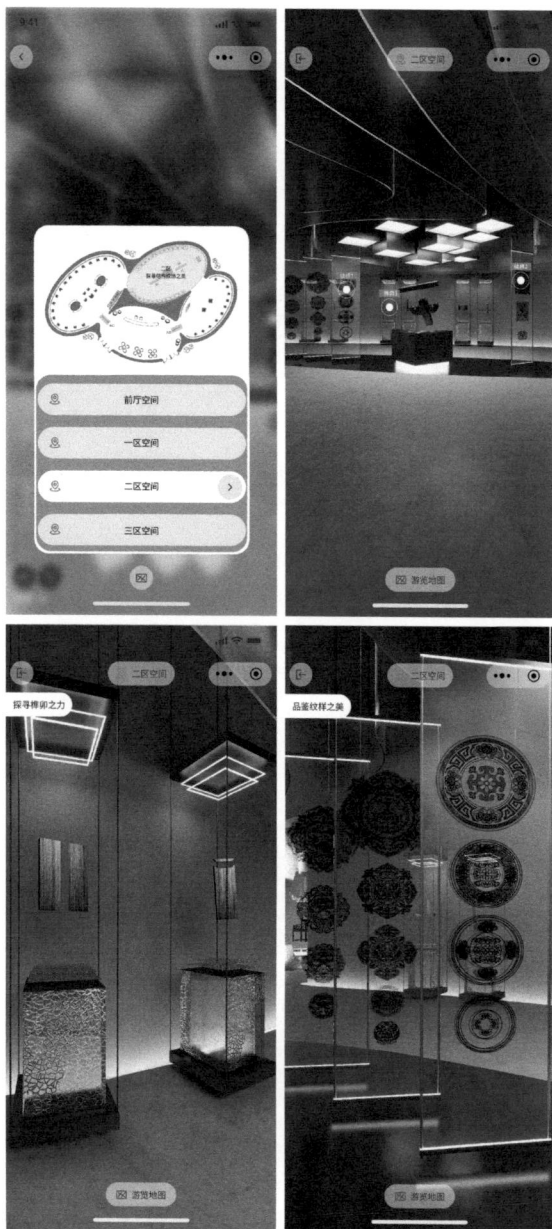

图 5-22　二区空间导航及漫游页面

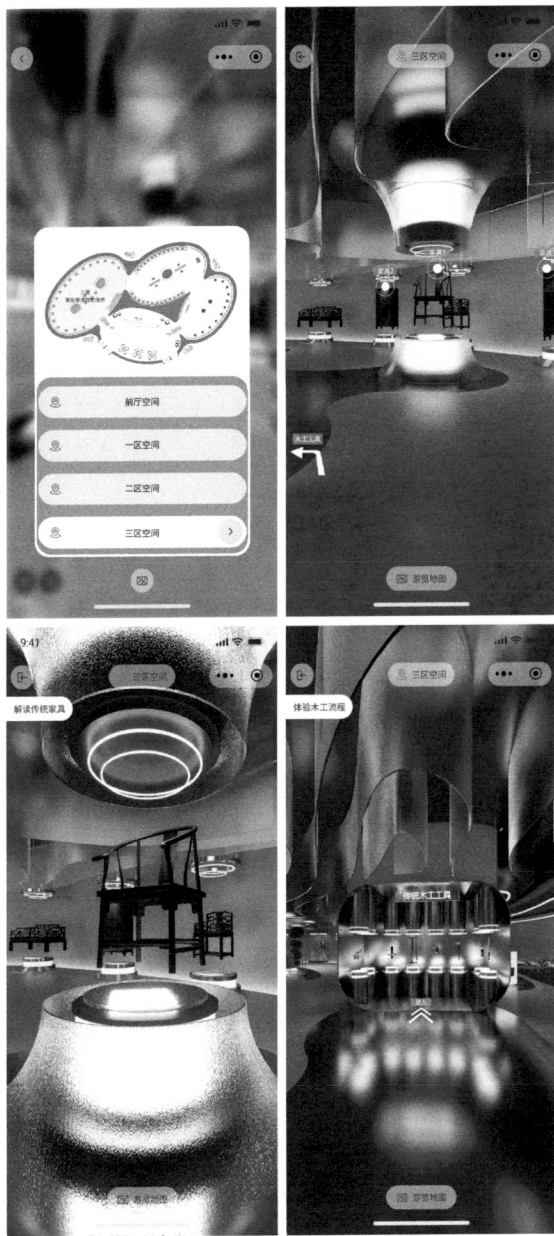

图 5-23　三区空间导航及漫游页面

（5）个人

该页面分为四个模块，分别为我的收藏、我的分享、账户设置、退出登录。我的收藏可以看到用户收藏的京作纹样和共享设计。我的分享模块中，用户可以管理自己曾发布的设计，同时也可以发布新的设计内容。账户设置是个人信息设置和小程序的权限管理。退出登录是指用户退出当前账号。

京作家具小程序以数字化技术为载体，全面展示了京作家具的文化内涵和技艺特点，为观众提供了一个了解、欣赏和传承中国传统家具文化的平台。通过这个平台，更多人可以感受到京作家具的美丽、优雅和智慧，传承和弘扬这一优秀的传统文化。

第
6
章

高校与非遗传承

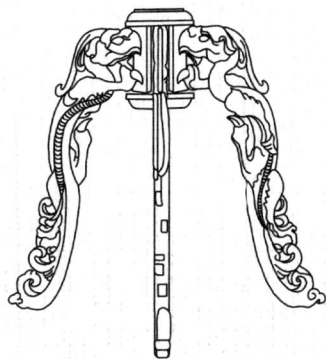

保护文化生命力的延续性和成长性，是一种可持续发展的积极保护，是为传统文化创造新的生存空间和成长机遇。建立"非遗＋互联网＋线上／线下教育"的模式，实现产学研一体化，在高校建立相关课程也会有效地在青年一代进行教育与传播。笔者在科研项目和两本专著的撰写过程都注重对传统文化的传播与学生的培养。高校或更大范围的学生、大众参与进来，使得传承更鲜活、富有生命力。

6.1 课程的建立

将教学与科研进行结合，带领学生传承非物质文化遗产，体验京作家具制作技艺。在课程体系中，家具设计实践有两种形式：一是教学大纲中所列的家具设计实验课程和课程设计；二是各类课外实践项目，如学校开设的实验室开放项目、大学生科技活动、大学生创新创业训练项目等。课外实践项目往往有一定的资金支持，这对学生制作模型、完成设计实践极为有利。课程教学目标一是学习传统京作家具制作，二是从京作家具中提取设计元素进行创新设计。

6.2 京作家具结构传承及创作

　　家具设计实践教学主要是学习与传承传统家具艺术特色、探讨家具结构及传统家具的创新设计。在具体操作中，首先指导学生学习京作家具的传统文化和艺术，了解家具的背景。其次指导学生学习京作家具的基本知识，对京作家具进行测量、分析、绘图、下料、精加工、打磨、安装等。最后是进行创新设计[46]。

　　榫卯是家具结构的灵魂，体现了中国传统家具的精髓。同时，传统文化艺术为榫卯结构设计提供了丰富的营养。榫卯结构不断变化，逐步形成了家具的经典结构，支撑着家具的形式，也显示出其艺术特色。在教学中循序渐进地为学生介绍，从榫卯开始逐步到材料使用、模型制作。

6.2.1　榫卯的特性

　　榫卯结构是中国传统家具结构的一大特色，京作家具的结构是通过榫卯进行连接的。榫卯是在两个或两个以上的木构件上所采用的一种凹凸结合的连接方式。凸出部分叫榫（或榫头）；凹进部分叫卯（或榫眼、榫槽），当榫插入到卯中，榫和卯咬合，起到连接作用（图6-1）。这是中国古代建筑、家具以及其他木构件的主要连接方式。虽然每个组件都相对较薄，但作为一个整体，它可以承受巨大的压力。这种结构不在于个体的强大，而在于彼此相互结合与支撑。榫卯结构是木件之间多与少、高与低、长与短之间的巧妙组合，可有效地限制木件向各个方向的扭动，因此是一种非常科学

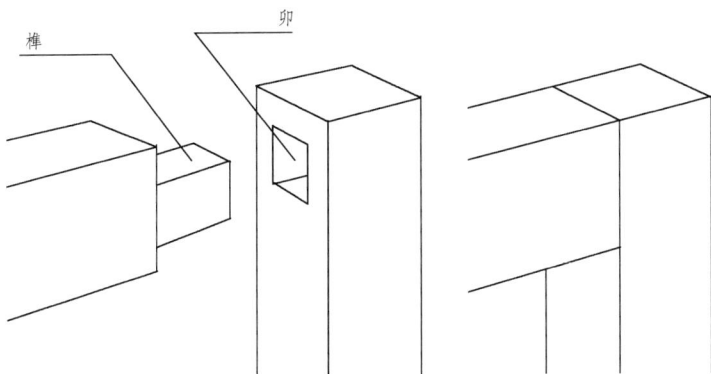

图 6-1 榫与卯

的连接方式，有三个方面的特点。

（1）相互补充、相互依存

榫卯结构一凸一凹，体现传统文化中的"道"——阴阳平衡。榫为阳，卯为阴，榫卯中内蕴阴阳，互相制衡。榫卯中蕴含了力学、美学与哲学的智慧。在家具中呈现出一进一退间的力学，一凹一凸间的美学，一榫一卯间的智慧。

（2）因势利导，顺势而为

在传统家具的制作中，匠人通过理解木材的特点，熟练掌握木材材性，能够顺应材性的特点，运用独特的工艺发挥出木材的最佳特点。木材有湿涨干缩的现象，一年四季都会随空气中湿度的变化而变化，冬夏两季尤为明显。如何解决这个问题？工匠们给出了智慧的答案，他们设计了框架结构（图6-2），在框架结构的边部留有伸缩缝，使得面心板在这个空隙中膨胀、伸缩，有效地减少了木材湿胀干缩给家具带来的变化，不影响板面的大小与平整度[47]，有效地保持了家具的设计造型。因此，框架结构经常用于大面积板面拼接，如桌面、柜门、屏心等。

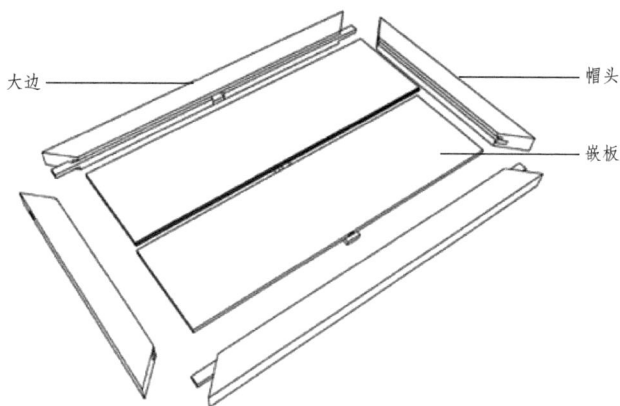

大边 ———

帽头

嵌板

图 6-2　框架结构

（3）物尽其用

制作家具时难免会产生小料。匠人不舍丢弃珍贵的材料，会利用榫卯结构将小料接起来，在横向和纵向加长，形成大面积的图案，这种工艺被老匠人称做攒接。工匠用这些小料攒接成几何图形，赋予一定的形式美感，不仅节省了材料，还起到了装饰作用，使人们获得视觉享受。如图 6-3a 所示为低靠背罗汉床，靠背与扶手的三面围子，由小尺寸的横竖材导成圆角后，规则地排列起来（图 6-3b）形成了曲尺图案。这种工艺也是对匠人手艺的考验，攒接时不能有丝毫的偏差，否则不但影响图案的美观，还会导致攒接的部件无法安装到预定的位置。所谓"失之毫厘，谬以千里"，精湛的工艺与榫卯结构的精妙相辅相成[47]。

6.2.2　生肖椅的榫卯结构

在掌握基本结构后，接下来学生要深入研究家具的结构并进行复制。学生选取的是清紫檀有束腰嵌瘿木十二生肖扶手椅

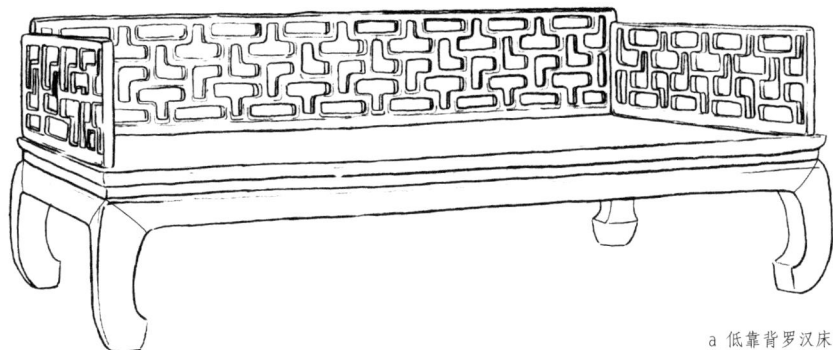

a 低靠背罗汉床

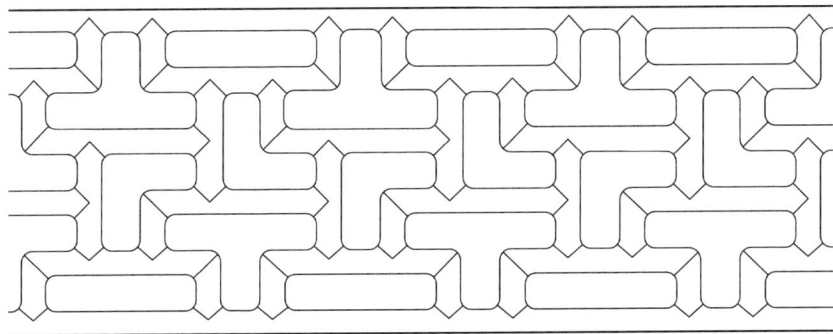

b 背板的攒接图案

图 6-3 罗汉床

（图 6-4，下文简称"生肖椅"）。生肖椅一共有十二把，椅子靠背分别雕有十二种生肖，十二把椅子组成一堂，遗憾的是现在原件仅存虎椅和羊椅，这是颐和园澹宁堂传世的经典家具[48]。

生肖椅是三屏式扶手椅，也称为太师椅。椅子主体框架由紫檀制成，与靠背和扶手雕刻精美的生肖相得益彰。靠背和扶手嵌板使用是一种带有天然树瘤的板子，也被称为"文木"或"瘿木"。因其纹理独特，自古以来就被文人称赞[49]，与紫檀木配合，形成了极具趣味的对比。

图 6-4　生肖椅

　　生肖椅结构精妙，涵盖了传统家具主要的榫卯结构，具有极高的研究价值。根据传统座椅的基本形式，学生对生肖椅的结构进行了深入的解析并将其复制出成品。图6-5的轴测图清晰地展示出生肖椅结构，包括靠背、扶手、座面、束腰、腿部框架和托泥等部分。

　　生肖椅的靠背、扶手和座面之间是用走马销连接的（图6-6）。走马销的构造是榫头一边大、一边小，相应的榫眼开口也是一边大，一边小。榫头由开口大的一边插入，推向开口小的一边，这样

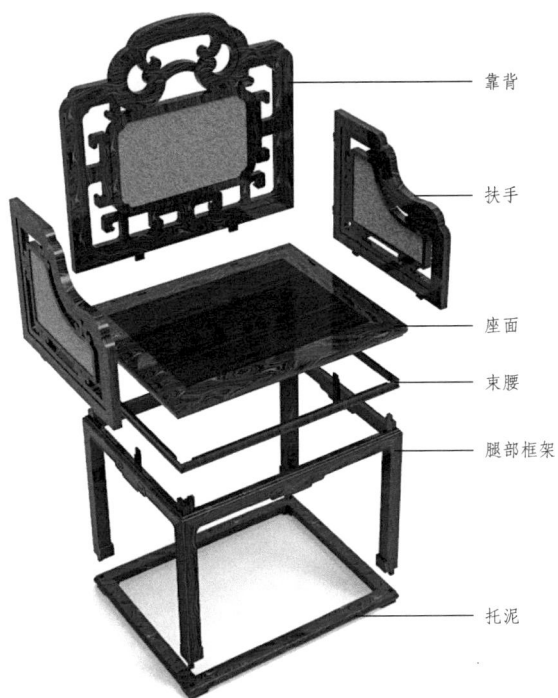

靠背

扶手

座面

束腰

腿部框架

托泥

图 6-5　生肖椅的结构

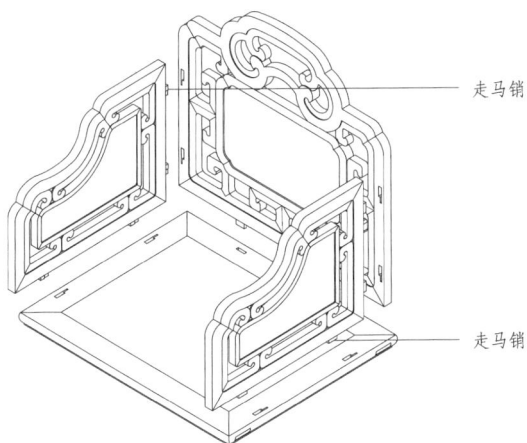

走马销

走马销

图 6-6　走马销

就扣紧销牢了。生肖椅扶手的内侧立材上下各栽一个走马销，在靠背的立材上凿榫眼与之配合，向下拍扶手即可将两个构件锁紧。如若需要拆卸，只需向上拉扶手即可[47]。走马销具有拆装自由、零做整装的优势，对现代家具的平板化设计有参考的意义。扶手和座面的连接也是靠走马销来实现的。为方便插拔，靠背和座面的连接使用直榫。

生肖椅的座面为框架结构，椅腿足框架和座面板是采用抱肩榫来连接的。抱肩榫常用于腿足与座面组合框架结构，是在有束腰家具上使用的榫卯。此处为"高束腰抱肩榫"（图 6-7）。腿足上端预留的一长一短的直榫，长短榫分别插入大边和抹头上预留的榫眼里。为保证束腰和座面稳定牢实地结合在一起，加强抱肩榫上端的长短榫的支撑，会在束腰内侧的中间位置开一上大下小、内窄外宽的银锭槽，用销子将两者结合起来。销子往上愈推愈紧，将顶端预留的榫头压入椅面下的榫眼里。

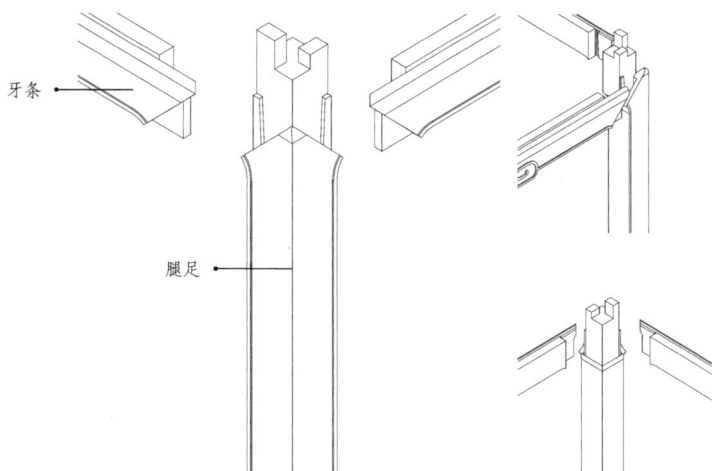

牙条

腿足

图 6-7　抱肩榫

座面的框架结构和托泥在第二章有详细讲解，在此略过。

复制十二生肖椅的初衷是学习京作家具中的榫卯。然而，在零件制作完成后，大家讨论认为如果正常安装生肖椅，榫卯结构之间的关系就被隐藏了。出于学习和展示的目的，隐藏结构无法达到最初的学习目标。为了更好地展示生肖椅榫卯的结构特征，在比较各种方案之后，决定解构复制的生肖椅。靠背、扶手、座面、腰部、腿架、底架被打散，并用无痕胶粘在透明支撑材料上，以便清楚地展示家具的整体结构（图6-8）。透明支撑材料选择为玻璃，尽管玻璃相对较重，但它具有良好的透明度，利用五金件连接很容易实现组件间的组装和拆卸，便于运输、展示和储存。

a 生肖椅整体　　　　　　　　　　b 生肖椅结构展示

图6-8　复制的生肖椅

6.2.3 生肖椅结构的扩展

生肖椅利用榫卯结构将靠背、扶手、座面、束腰、腿部框架和托泥等部分连接起来，这些是构成座椅的基本形式。而在实际的设计中，根据使用的人文环境和地理环境，也会有不同的变化形式，这种丰富的变化是依赖于榫卯结构所具有的灵活性和稳定性。如果将生肖椅的靠背、扶手去掉，剩下的四个部分可构成机凳和桌案的基本形式。座面、束腰、腿部框架和托泥这四个部分可组成一个有束腰带托泥的机凳，如果高度和桌面尺寸调整后，还可以得到桌案（图6-9a）。如果精简它的造型，只保留座面、束腰、腿部框架就会得到有束腰机凳或桌案（图6-9b），腿部直接落地干净利落。在此基础上继续去掉束腰，就是无束腰的机凳或桌案（图6-9c）。

座面
束腰
椅腿框架
拖泥

a 有束腰带托泥的案与凳

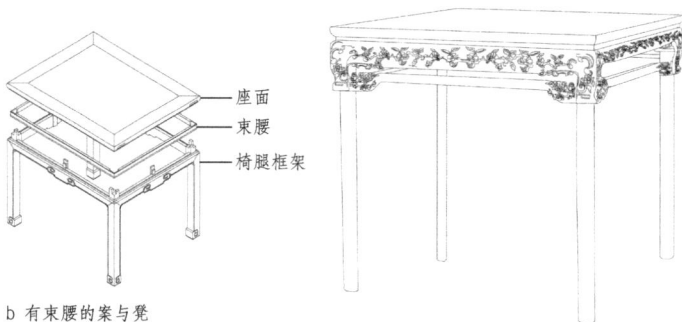

座面
束腰
椅腿框架

b 有束腰的案与凳

座面

椅腿框架

c 无束腰的案与凳

图 6-9　座椅框架派生的凳与桌案

一个最基本的家具形式，根据不同的需求，利用榫卯结构灵活多变的连接方式可以派生出来多种类型和丰富的造型。

6.2.4　学生创作

通过学习生肖椅和制作模型，学生们对京作家具的造型结构有了较为深入的理解。结合当代艺术设计理念，利用各种木质材料，对传统结构进行创新设计，学生们创作设计了简洁生动的方案。以下三个设计案例，是他们对现代中国家具设计中榫卯的理解和表达。

（1）三角凳

三角凳（6-10a）由座面和支架组成。借鉴传统家具的框架结构，设计演化成三角形框架结构（图6-10b）。支架由三个木制部件组成，榫卯结构集中在三个零件的交结点。通过利用三个组件的榫卯咬合，形成光滑无缝的交接表面。凳子无其他辅助材料，完全由自身结构连接支撑。转动关键部件后，便可拆卸（图6-10c）。这个想法也是受到了鲁班锁设计的启发。当凳子被拆卸或组装时，就像在玩一个大玩具。当需要存放时，可以将榫卯结构拆成若干部分，非常方便。

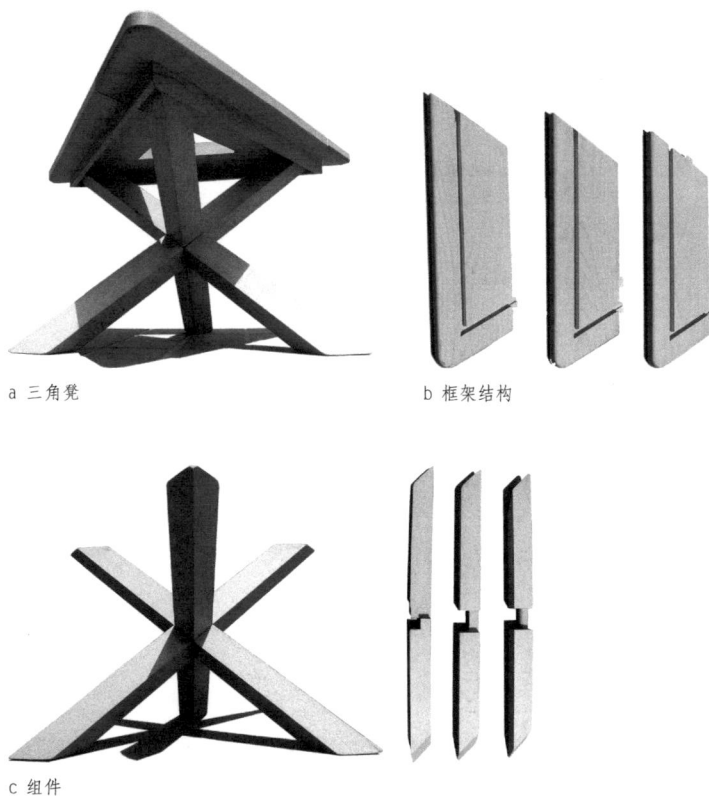

a 三角凳

b 框架结构

c 组件

图6-10 三角凳

（2）衣架

衣架（图6-11a）结构设计采用三点确定一个平面的原理。通过使用三根杆件形成稳定的三角形结构来确定设计方案（这也是三脚架的设计原则，图6-11b）。固定部件也由榫卯接头制成（图6-11c）。三根支撑杆直接插入固定件上方的孔中，三根支撑杆交错排列，形成稳定结构。衣架上只有六个零件，通过榫卯连接和固定，不需要其他辅助连接件。

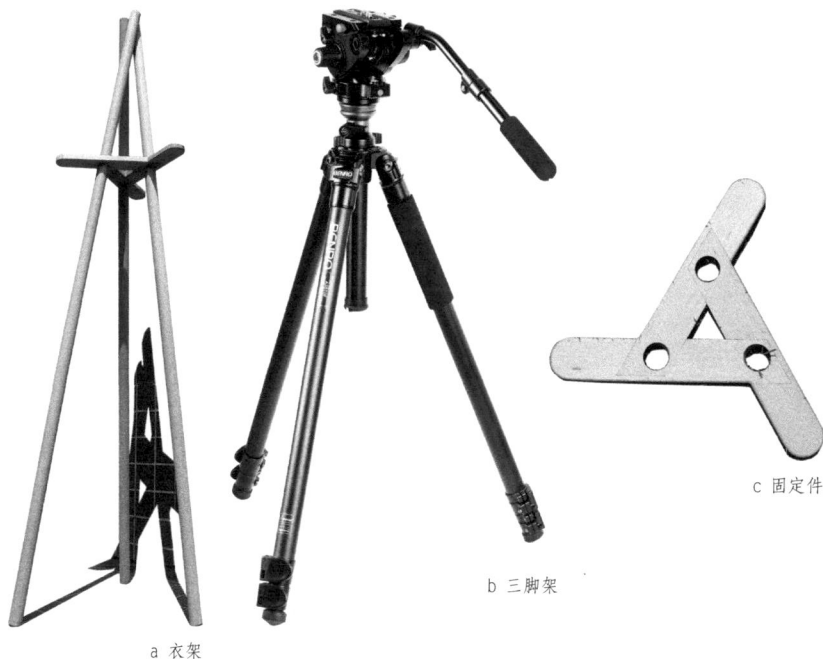

a 衣架

b 三脚架

c 固定件

图 6-11　衣架

（3）易凳

易凳的设计灵感来自十字插接结构。十字插接结构构成了传统凳子的 X 形支架。这种结构特点是分别从两个零件上去除二分之一的材料厚度，当连接零件时，交叉部分获得的厚度与零件厚度一致（图 6-12a）。组成易凳零件的轮廓相同，交叉结构与图 6-12a 类似。通过使用四个零件 1 和四个零件 2（图 6-12b）的插接，形成光滑无缝的接头表面（图 6-12c）。与前两件作品一样，它也完全由自身零件进行连接支撑，并易于拆卸。

以上三件作品使用了榫卯结构中最简单的形式，是通过巧妙的设计完成的易拆装、少辅料的生动作品[50]。

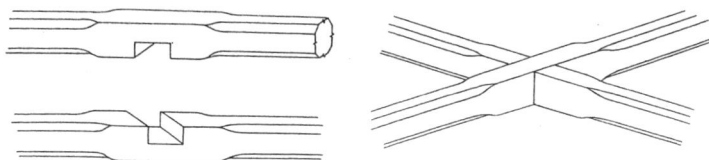

a 十字插接结构

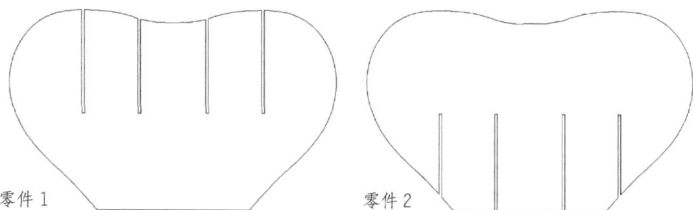

零件 1　　　　零件 2

b 易凳插接结构

c 易凳效果

图 6-12　易凳

6.3 京作家具图案与文创

6.3.1 京作家具纹样语义延伸

在将京作家具装饰纹样应用于文创产品的过程中，要对纹样进行处理，如对过于复杂的纹样进行简化，或者根据原有纹样语义进行延伸，再或者由于纹样载体发生变化，对其色彩材质与时俱进地进行适度创新。

纹样的语义延伸是指随着历史发展和使用语境的变化而发生的变化。对于京作家具纹样的语义创新主要运用以下两种方法：一是对纹样原有意义的保留沿用，如寿字纹一直延续健康长寿的象征寓意。二是纹样的内涵会发生变化，衍生出新的象征意义，传达出具有时代特征的文化信息。如龙纹在明清京作家具中是皇权、帝王的象征，代表着至高无上的权利同时也有祥瑞的寓意。而现在，龙纹成为华夏民族的象征，代表中华民族的历史和文化传承，随着时代发展，龙纹被赋予了创新变革的意义。

京作家具的装饰纹样具有丰富的吉祥寓意，如具有健康长寿寓意的寿字纹、万字纹、蝠纹、桃纹等，具有家庭和睦、婚姻美满寓意的龙凤纹等。吉祥纹样是大众对吉祥意识物化的表现，是人们对美好生活的期盼和祝愿。

挖掘纹样语义中的功能意义，京作家具纹样除了具有装饰功能、教化功能以外，还能起到加固家具结构的作用（图 5-2）。

6.3.2　京作家具纹样的语构创新

（1）纹样的特征简化或转化

京作家具的纹样种类丰富，有造型简约的回纹、万字纹、拐子纹、方胜纹等，也有造型复杂的写实龙纹、凤纹等。回纹、万字纹这类几何纹样，因其自身的纹样特征和现代审美契合，可以被直接应用到设计之中。而对于其他较为复杂的纹样，则需要进行简化处理，以适应现代审美需求。

将京作家具上的龙纹、蝴蝶纹、如意纹等纹样进行简化组合成形新的图案（图6-13），中心的图案也可以换成凤纹等其他纹样。结合中国传统色彩对纹样进行赋色（图6-14）。

（2）纹样的材质与色彩创新

京作家具的纹样色彩受到了使用材质的影响，以木材原色为主。而在对纹样进行创新应用时，纹样的使用范围不再仅局限于家具之上，而是可以广泛地应用于空间界面及软装，如织物、陈设、

图6-13　简化组合成新的图案

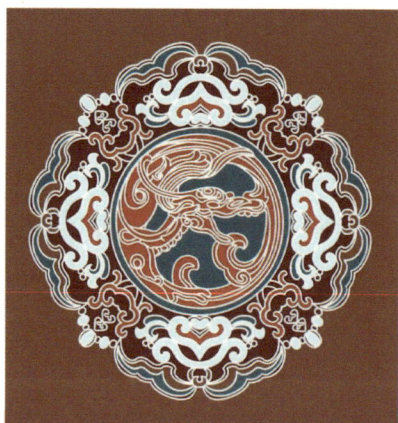

图6-14　图案色彩

格栅、墙地面的铺装等方面，由于纹样的应用载体发生了变化。材质的使用也变得更加多样，包括布料、玻璃、金属、塑料等，使纹样呈现出多样的质感和视觉冲击。在色彩的选择上，也有了更多的搭配组合，为了保留纹样的文化韵味，色彩方面的选取可以围绕中国传统色进行。中国传统色彩不仅色彩丰富，而且每种颜色都蕴含着独特的寓意，如红色代表喜庆、吉祥，黄色代表财富、尊贵等，色彩的合理使用会进一步丰富纹样的文化寓意。设计师在对纹样进行配色时也应结合用户的需求，可以创造出独一无二的视觉体验[33]。

6.3.3　京作家具纹样的应用

（1）植物图案应用

常见的植物图案有草纹、牡丹、梅花、荷花等。牡丹雍容华贵，一直以来被视为吉祥富贵、繁荣昌盛的象征，因此牡丹也是最受人们喜爱、应用最广泛的装饰题材。牡丹纹最早见于北魏，到隋唐五代，开始用于染织、陶瓷、铜镜等。牡丹有折枝牡丹和缠枝牡丹。可单独形成图案或与其他花卉相配，组成各种各样的图案。

明紫檀扇面形官帽椅（图6-15a）座面呈扇形，管脚枨明榫出头，造型大气。靠背浮雕牡丹团花（图6-15b）为素混面的座椅，增添了妩媚典雅的气息。折枝牡丹造型雅致，高超的雕工配上紫檀木稳重的色泽，细密的材质，锦上添花，为座椅增色不少[28]。

基于牡丹图案，学生完成了折枝牡丹小包设计（图6-15c）。图案采用明紫檀扇面形官帽椅靠背浮雕牡丹团花，图案造型的特点非常适合深入刻画。设计图案造型采用直接再现法，材料采用皮革。具体工艺过程如下：首先雕牡丹花，按着样板尺寸切割出所需要的植鞣革，将植鞣皮用海绵打湿后描摹出牡丹的图案，雕刻时注意线条要有力度，光滑富有弹性，敲出图案的阴影、肌理等，再经

a 明紫檀扇面形官帽椅

b 手绘牡丹图案

c 图案设计的小手包

图 6-15　官帽椅中牡丹图案应用

染色、磨边后，牡丹雕刻完成[51]。制作完成的小手包十分典雅，将官帽椅靠背板的图案展现得淋漓尽致。

清代紫檀嵌珐琅绣墩（图6-16a）腹腔中间为六组海棠式开光，开光内镶紫檀木板，当中镶蝙蝠纹及宝相花纹珐琅片。从珐琅片中提取宝相花纹样线稿（图6-16b），并进行多种色彩搭配（图6-17），应用于布艺（图6-18）和室内装饰。

a 清代紫檀嵌珐琅绣墩

b 提取线稿

图6-16 清代紫檀嵌珐琅绣墩宝相花珐琅片

图 6-17　纹样的色彩创新

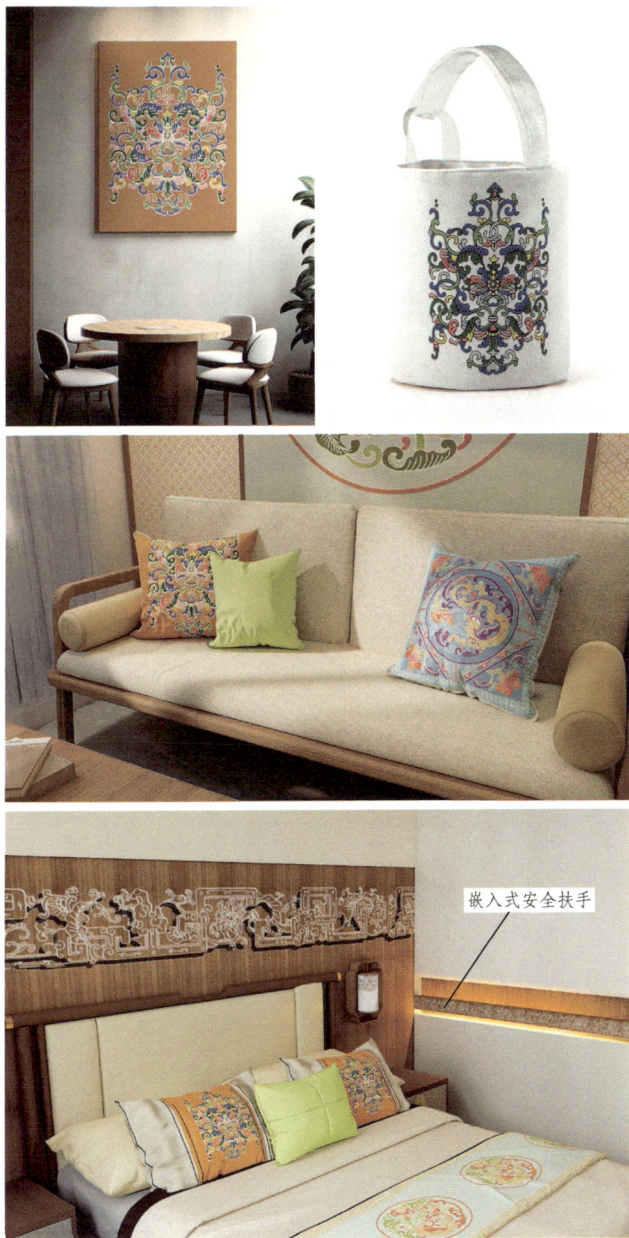

嵌入式安全扶手

图6-18 宝相花纹样在室内布艺上的应用

（2）动物图案应用

常见的动物图案有龙纹、凤纹、狮子、麒麟等。在民间，人们赋予狮子避邪御凶、招财纳福的作用，狮子是人们十分喜爱的装饰图案。《汉书·西域传》记载："乌弋地暑热莽平，其草木……金珠之属皆与罽相同，而有桃拔、师子、犀牛[52]。"这是正史中第一次记载"狮"（"师"通"狮"）。到了唐宋时期，随着狮子图案的普及，民间大量应用狮子图案。清代红木狮纹半圆桌（图6-19a）做工繁复精细，狮子的神态刻画精准。四腿的上部雕有狮面纹（图6-19b），大额圆眼，口吐牡丹，腿足外撇为鱼龙纹。

在进行图案设计创作时，考虑到腿部造型是从狮子变为鱼的造型，在绘画技法上也使用渐变的方法，将狮子作为主要的刻画对象，向下逐步过渡为线描，刻画得细腻传神。笔者的专著封面设计取狮子纹中间3/4，沿封面向书脊转折，与红木狮纹桌腿部的转折形成了异曲同工之妙。图片效果雅致、安静，体现了书籍内容（图6-19c），诠释了传统家具的特色。而图案设计的帆布袋如图6-16d所示，展示了图案轻松愉快的一面。

（3）云纹图案应用

云纹在中国人的心中一直是极具中华文化特色的"祥云"，它代表着吉利、祥和、理想、美好以及神圣之意。在传统家具的装饰上，云纹运用得非常广泛，有具象，有抽象，也有程式化的形式，其形式有勾云纹、卷云、朵云、团云、如意云纹、灵芝云纹、叠云纹等[53]。

填漆戗金花卉致博古格（图6-20a），博古格四框外表红漆，填漆戗金花卉纹，格里以黑漆加描金两种手法饰花蝶纹和山水风景纹。正面分割错落有致，最特别的是柜体右侧中间侧板绘云纹，并随云纹中部开光[54]。戗金色彩艳丽，云纹流畅舒展，更增添了一层意境，手绘云纹如图6-20b所示。

a 红木狮纹半圆桌　　　　b 手绘狮子纹桌腿

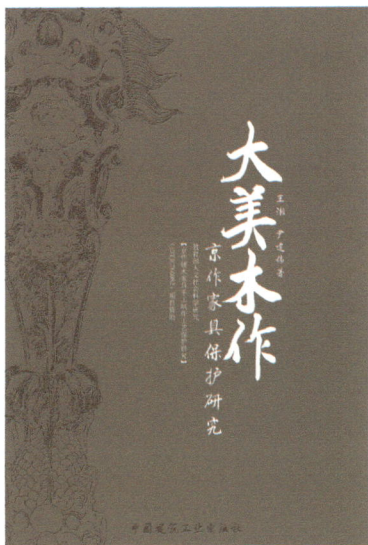

c 图案设计的图书封面　　　　d 图案设计的帆布袋

图 6-19　狮纹半圆桌图案应用

a 填漆戗金花卉致博古格

b 手绘云纹

c 图案设计的四联卡包

d 卡包中一个单体

e 图案设计的手机壳

图 6-20　博古架云纹应用

利用云纹完成了两件产品设计。第一件为四联装云纹卡套，如图 6-20c 所示，该产品将完整的云纹划分为四个部分，使得整个图案形成部分和整体的关系，"部分"（图 6-20d）就是组成体之一，它既可以是单独的形体，又能为整体服务，组合成完整的结构[55]。第二件为云纹装饰手机壳（图 6-20e）。上述两个产品在具体的实施过程中，使用了激光雕刻的加工方法，具有快速、工作效率高、可批量生产等优点。同时也可发现，与图 6-15c 对比后发现，激光雕刻的作品与手工制作的作品相比，在线条的变化、情感的表达上还有欠缺。

（4）吉祥图案应用

《周易·系辞下》"吉事有祥。"《说文解字》中："吉，善也。祥，福也[56]。"吉祥图案指以象征、谐音、寓意、标识、含蓄曲折的手法，组成具有一定吉祥寓意的装饰纹样，饱含了人们对美好生活的向往、对幸福的追求。吉祥图案凝结着祖先的智慧，到了清代"图必有意，意必吉祥"，是设计装饰纹样的常态。葫芦，谐音"福、禄"，缠枝葫芦，寓意"福禄富贵""长寿吉祥"。酸枝木嵌螺钿边座嵌料石葫芦插屏（图 6-21a），酸枝作框，屏框上嵌银丝形成云纹，其间点缀镶嵌螺钿蝙蝠纹，屏心点翠枝蔓串接各色石料葫芦，最下山石亦用点翠手法进行制作。再创作时考虑葫芦插屏，绚丽多彩，适合用纸雕的方式呈现。图案选择酸枝木嵌螺钿边座嵌料石葫芦插屏纹案，设计的图案造型采用解构重组法。点翠枝蔓与葫芦是插屏最大的特色，而枝蔓与葫芦又过于密集。在手绘插屏时（图 6-21b），对图案作进一步分析，将枝蔓与各色石材进行区分，发现屏风为了配色，各色葫芦点缀其间，很难连接在一起，出现一些断点，因此需要重新对图案进行设计，将枝蔓与葫芦、山石进行分层（图 6-21c、图 6-21d），作品最终完成的状态，突出了艺术效果与意境以及设计的内涵（图 6-21e）[57]。

a 酸枝木嵌螺钿边座嵌料石葫芦插屏

b 手绘葫芦纹

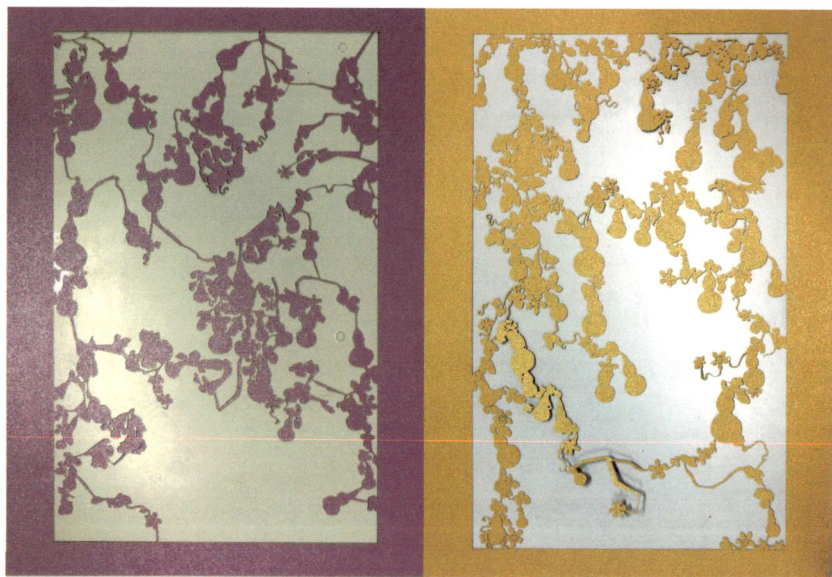

c 分解图案元素 1

d 分解图案元素 2

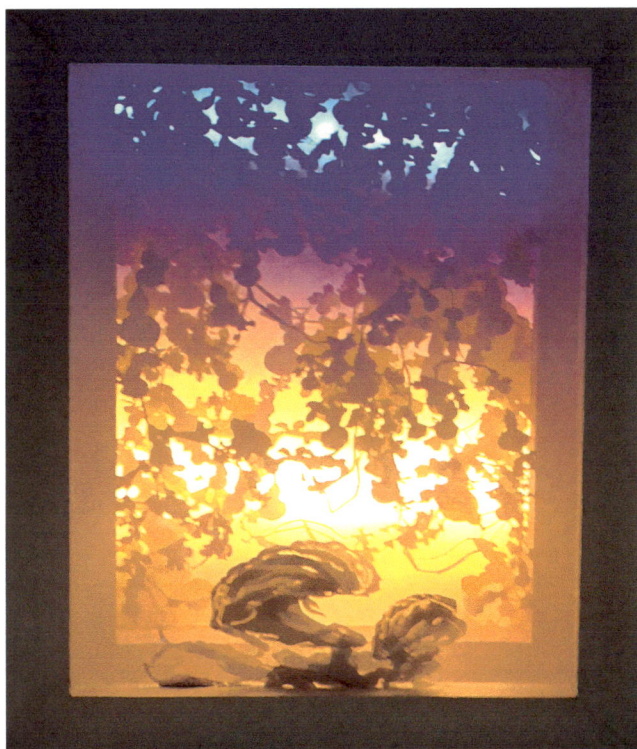

e 纸雕灯

图 6-21　屏风葫芦纹应用

6.3.4　京作家具纹样创新方法及应用

在京作家具纹样创新方法探索过程中，通过多年的积累，形成了图案数据库。数据库根据图案应用便捷性分为图案类型、图案形状、图案颜色、图案模板四个模块。做图案设计时，在设计模板中选取数据库内容进行比对和调试，来完成作品（图6-22）。在小程序设计章节中文创设计即利用了该方法（图5-14）。方案一利用该方法设计，从京作家具数据库中提取元素，分别以蓝色、黄色调为主调，提取了京作家具上的植物、动物、吉祥纹样、云纹、水纹为基础，对纹样进行提取、简化、再设计，成果简洁大方得体，配色典雅，复古而又符合现代人的审美。

表6-1中列出了方案设计时所用到的数据库信息。将这些要素进行处理后，设计出相应的纹样（图6-23），再进行设计衍生出一系列文创产品，比如抱枕、装饰画、餐具和餐布等（图6-24）[58]。

方案二：同样利用该方法从清代彩漆戗金花卉纹灯架（图6-25a）上提取凤纹线稿（图6-25b），清中期黑漆描金勾云纹交泰式绣墩（图6-26a）上提取枣花锦纹（图6-26b），将两种纹样组合设计出新的图案（图6-27a），并进行色彩搭配（图6-27b），应用到室内软装上（图6-28）[33]。

该方法为设计爱好者提供了可便捷操作的方法，选取自己喜爱的模板后，在设计软件中将各类元素和色彩进行填充，得到自己喜爱的设计图案。该方法不仅适合设计爱好者，也可为专业设计人员提供丰富的设计资源，通过这样的方式使更多人了解京作家具，弘扬发展京作家具文化。

学生们的作品有的虽显稚嫩，但是也表达出他们对传统文化和艺术的热爱，这也是我们传统文化得以传承的根本基石。通过这些设计实践，我们认为在高校中传承传统文化、京作家具是行之有效的。

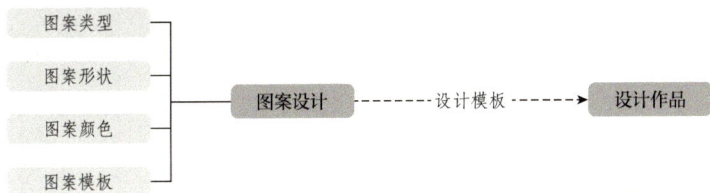

图 6-22　图案设计方法

图案设计应用

表 6-1

序号	图案类型	图案形状	图案颜色	图案模板
1		植物图案	■ 221，186，118	
2		如意图案	■ 218，129，90	
3		回纹	■ 163，85，73	
4		云纹	■ 135，233，217	
5		动物纹	■ 109，181，168	
6		水纹	■ 102，166，188	

图 6-23　图案设计

图 6-24　图案应用

a 清代彩漆戗金花卉纹灯架

b 提取线稿

图 6-25　清代彩漆戗金花卉纹灯架

a 清中期黑漆描金勾云纹交泰式绣墩

b 提取线稿

图 6-26　清中期黑漆描金勾云纹交泰式绣墩

a 新图案线稿　　　　　　　　b 配色

图 6-27　纹样设计图

图 6-28　凤纹在室内软装的应用

参考文献

［1］蕾切尔·卡森. 寂静的春天［M］. 北京：北京大学出版社，2015.

［2］叶文虎，陈剑澜，邓文碧. 中国传统的天人关系理论与可持续发展的伦理学基础［J］. 中国人口·资源与环境，1999，（3）：16-21.

［3］陈鼓应. 老子注译及评介［M］. 北京：中华书局，2015：159-267.

［4］张载. 张子正蒙［M］. 王夫之. 上海：上海古籍出版社，2020：256.

［5］王学荣. 中国传统文化畛域下的"美丽中国"思想元素探源［J］. 青岛科技大学学报（社会科学版），2015，31（1）：37-40. DOI：10.16800/j.cnki.jqustss.2015.01.008.

［6］侯柯芳.《庄子》新解［M］. 成都：四川大学出版社，2014：190-204，259-272.

［7］蕅益，刘俊堂. 周易禅解［M］. 武汉：崇文书局，2015：37-68，207-238.

［8］何颂飞. 中国传统文化中的可持续性设计思想初探［J］. 艺术设计研究，2011，（3）：83-89.

［9］李渔. 闲情偶寄［M］. 杜书瀛. 北京：中华书局，2016：425，452.

［10］马宜章. "尚俭"传统及其现实意义［J］. 道德与文明，1999，（4）：32-34. DOI：10.13904/j.cnki.1007-1539.1999.04.010.

［11］曲爱香. 中国传统文化中的生态伦理与可持续发展［J］. 社会科学家，2008，（5）：12-14.

［12］杨逢彬，杨柳岸. 论语［M］. 中华经典全本译注评. 武汉：崇

文书局，2016：94-108.

［13］罗志霖. 孟子今读新解［M］. 成都：四川大学出版社，2015：8-23.

［14］王锐生. 坚持可持续发展也需要弘扬中国传统文化［J］. 中国哲学史，1998，（2）：3-9.

［15］袁了凡. 了凡四训［M］. 北京：中华书局，2008.

［16］张卫国. 中国传统文化的生态政治智慧［J］. 广西社会科学，2012，（10）：154-157.

［17］王明. 无能子校注［M］. 北京：中华书局，1981.

［18］寂天著. 入菩萨行论［M］. 长沙：湖南教育出版社，2000.

［19］柴璐璐. 中国传统文化可持续思想视角下的家具设计［D］. 北京：北方工业大学，2021.

［20］曾慧. 绿色设计理念下的竹制灯具设计研究［D］. 青岛：青岛大学，2020.

［21］张金铭. 生态设计理念对现代家居产品设计的影响［D］. 天津：天津科技大学，2015.

［22］袁晓芳，吴瑜. 可持续背景下产品服务系统设计框架研究［J］. 包装工程，2016，37（16）：91-94. DOI：10.19554/j.cnki.1001-3563.2016.16.023.

［23］马可，何人可，张军，等. 应用于分布式食物生产的可持续产品服务系统设计研究［J］. 包装工程，2021，42（14）：164-170+200. DOI：10.19554/j.cnki.1001-3563.2021.14.019.

［24］袁姝，姜颖，董玉妹，等. 通用设计及其研究的演进［J］. 装饰，2020，（11）：12-17. DOI：10.16272/j.cnki.cn11-1392/j.2020.11.015.

［25］徐旭. 基于包容性设计理念的老年家居产品设计研究［D］. 上海：东华大学，2017.

［26］陈子萱. 京作硬木家具的可持续发展研究［D］. 北京：北方工业大学，2022.

［27］经君健. 试论清代等级制度［J］. 中国社会科学，1980，（6）：149-171.

［28］王世襄. 明式家具研究［M］. 北京：三联书店，2013. 6-9，70-72.

［29］叔向. 中国清式家具通览［M］. 济南：山东美术出版社，2010.

6-9.

[30]胡德生．故宫博物院藏明清宫廷家具大观［M］．北京：紫禁城出版社，2006．10-11，74-91．

[31]康司雨．基于青年群体生活方式的京作家具功能性研究［D］．北京：北方工业大学，2023．

[32]邸保忠，武良田．龙顺成京作家具［M］．北京：北京美术摄影出版社，2019．

[33]王子婷．京作家具装饰纹样的研究与应用——以北京地区老年人居住空间设计为例［D］．北京：北方工业大学，2024．

[34]国务院办公厅关于加强我国非物质文化遗产保护工作的意见．中华人民共和国中央人民政府2023-06-21．

[35]中华人民共和国非物质文化遗产法（主席令第四十二号）．中华人民共和国中央人民政府2023-06-13．

[36]国家级非物质文化遗产代表性传承人认定与管理办法．中华人民共和国中央人民政府2023-06-13．

[37]龙顺成官网 http://www.lsc1862.com/．

[38]覃京燕，贾冉．人工智能在非物质文化遗产中的创新设计研究：以景泰蓝为例［J］．包装工程，2020，41（6）：1-6．DOI：10.19554/j.cnki.1001-3563.2020.06.001．

[39]中国互联网络信息中心发布第52次《中国互联网络发展状况统计报告》［J］．国家图书馆学刊，2023，32（5）：13．

[40]杜美燕．中小型博物馆数字博物馆系统构架研究与应用，杭州：浙江大学出版社2010．7．

[41]SHIN D. Empathy and Embodied Experience in Virtual Environment: To What Extent Can Virtual Reality Stimulate Empathy and Embodied Experience?[J]. Computers in Human Behavior, 2018, 78: 64-73.

[42]FELNHOFER A, KOTHGASSNER O D, SCHMIDT M, et al. Is Virtual Reality Emotionally Arousing? Investigating five Emotion Inducing Virtual Park Scenarios[J]. International Journal of Human-Computer Studies, 2015, 82: 48-56.

[43]王晨．不同沉浸度的虚拟自然场景对人情绪和恢复性效益的影响研究［D］．北京：北京建筑大学，2023．DOI:10.26943/d.cnki.gbjzc.2023.000242.

［44］数字故宫 https://www.dpm.org.cn/explode/others/206801.html.

［45］韩庆雪，张名章．微信小程序的文化传播特点及发展趋势［J］．戏剧之家，2019，（13）：244.

［46］WANG X, Exploration of Chinese Traditional Furniture Art Form in Practical Teaching[C]//2019 7th:International Forum on Industrial Design, 2019, 7.

［47］王湘，尹建伟．大美木作京作家具保护研究［M］．北京：中国建筑工业出版社，2019.

［48］北京颐和园管理处．颐和园藏明清家具［M］．北京：文物出版社，2013.

［49］胡德生．故宫博物院家具［M］．北京：故宫博物院出版社，2018.

［50］WANG X, YIN J W. Mortise and Tenon and Its Practice on Contemporary Furniture Design[J]. Advances in Social Science, Education and Humanities Research. 2019.7.

［51］董斌，刘存．手工皮艺产品的创新设计与开发研究［J］．包装工程，2017，38（4）：153-156．DOI:10.19554/j.cnki.1001-3563.2017.04.034.

［52］班固．汉书［M］．北京：中华书局，2016.

［53］赵嘉蕊，王慧．民间剪纸云纹元素在包装设计上的应用［J］．包装工程，2018，39（18）：281-286．DOI:10.19554/j.cnki.1001-3563.2018.18.053.

［54］胡德生．故宫彩绘家具图典［M］．北京：故宫出版社，2018.

［55］刘兵兵．包装结构设计中的"颜值"研究［J］．包装工程，2016，37（04）：156-159．DOI:10.19554/j.cnki.1001-3563.2016.04.038.

［56］许慎．说文解字［M］．汤可敬，译．北京：中华书局，2018.

［57］王湘．中国传统家具图案在现代产品装饰设计中的应用［J］．包装工程，2019，40（14）：10．19554/j.cnki.1001-3563.2019.14.026.

［58］WANG X, LIU X, GUO J. Study on the Sustainable Development of JingZuo Furniture Structure and Pattern: SHS Web of Conferences[C], Paris: EDP Sciences, 2023.

后记

本书的撰写得到了众多同仁的支持与帮助：合作者原林博士（高级工程师）参与了全书的统筹工作；柴璐璐、陈子萱、康司雨、王子婷、丁郑栗分别承担了部分章节的写作或相关设计；李维聪博士为本书提供了宝贵的建议。特别感谢何楠编辑的辛勤付出，以及所有为本书出版贡献力量的工作人员和同学们。

本书的部分插图在本人的指导下由陈子萱、国佳、黄佳怡、康司雨、王子婷、赵沈洋、杨甲晨、程娆、郑佳等完成。

图 2-1a、图 2-4 现藏于台北故宫博物院。

图 2-1bc、图 2-2、图 2-3、图 2-10c 现藏于北京故宫博物院。

图 2-1d 现藏于克里夫兰艺术博物馆。

图 2-4b 现藏于天津艺术博物馆。

图 2-7 现藏于大连旅顺博物馆。

图 2-14、图 2-26、图 2-27、图 3-1、图 5-1 源自龙顺成微信公众号。

图 4-1、图 4-2、图 4-3、图 4-4 源自"发现·养心殿"主题数字体验展。

图 6-5、图 6-6、图 6-7 源自《大美木作——京作家具保护研究》。

图 6-9、图 6-10、图 6-11、图 6-12 源自《 Exploration of Chinese Traditional Furniture Art Form in Practical Teaching》。

图 6-21a 源自《故宫经典：故宫屏风图典》。

图 6-15、图 6-19、图 6-20b ~ 图 6-20e 源自《中国传统家具图案在现代产品装饰设计中的应用》。

图 6-26a 源自《故宫彩绘家具》。